总主编／肖勇　傅祎

公共空间室内设计

主　编　张洪双

副主编　杨金花　马　俊　徐广军

U0304944

北京理工大学出版社

BEIJING INSTITUTE OF TECHNOLOGY PRESS

内 容 提 要

　　本书包括餐饮空间设计、展示空间设计、娱乐空间设计、办公空间设计和专卖店空间设计五个项目。全书以"工作过程"为主导，以公共空间室内设计"项目"为模块，突出工作任务，并可以通过扫描"二维码"进行移动式学习。教材中的数字化资源包括微课、课件、案例分析、学生作品欣赏等。

　　本书可作为高等院校室内设计、环境艺术设计、建筑学专业教材，也可供建筑设计工作者阅读、参考，同时对相关专业的设计人员有一定的参考和借鉴价值。

版权专有　侵权必究

图书在版编目（CIP）数据

公共空间室内设计 / 张洪双主编.—北京：北京理工大学出版社，2019.1
ISBN 978-7-5682-6063-3

Ⅰ.①公…　Ⅱ.①张…　Ⅲ.①公共建筑-室内装饰设计-高等学校-教材　Ⅳ.①TU242

中国版本图书馆CIP数据核字（2018）第182685号

出版发行 / 北京理工大学出版社有限责任公司
社　　　址 / 北京市海淀区中关村南大街5号
邮　　　编 / 100081
电　　　话 / （010）68914775（总编室）
　　　　　　（010）82562903（教材售后服务热线）
　　　　　　（010）68948351（其他图书服务热线）
网　　　址 / http：//www.bitpress.com.cn
经　　　销 / 全国各地新华书店
印　　　刷 / 河北鸿祥信彩印刷有限公司
开　　　本 / 889毫米×1194毫米　1/16
印　　　张 / 6.5
字　　　数 / 169千字
版　　　次 / 2019年1月第1版　　2019年1月第1次印刷
定　　　价 / 58.00元

责任编辑 / 王晓莉
文案编辑 / 王晓莉
责任校对 / 周瑞红
责任印制 / 边心超

总序 GENERAL PREFACE .... ◎

20 世纪 80 年代初，中国真正的现代艺术设计教育开始起步。20 世纪 90 年代末以来，中国现代产业迅速崛起，在现代产业大量需求设计人才的市场驱动下，我国各大院校实行了扩大招生的政策，艺术设计教育迅速膨胀。迄今为止，几乎所有的高校都开设了艺术设计类专业，艺术类专业已经成为最热门的专业之一，中国已经发展成为世界上最大的艺术设计教育大国。

但我们应该清醒地认识到，艺术和设计是一个非常庞大的教育体系，包括了设计教育的所有科目，如建筑设计、室内设计、服装设计、工业产品设计、平面设计、包装设计等，而我国的现代艺术设计教育尚处于初创阶段，教学范畴仍集中在服装设计、室内装潢、视觉传达等比较单一的设计领域，设计理念与信息产业的要求仍有较大的差距。

为了符合信息产业的时代要求，中国各大艺术设计教育院校在专业设置方面提出了"拓宽基础、淡化专业"的教学改革方案，在人才培养方面提出了培养"通才"的目标。正如姜今先生在其专著《设计艺术》中所指出的"工业 + 商业 + 科学 + 艺术 = 设计"，现代艺术设计教育越来越注重对当代设计师知识结构的建立，在教学过程中不仅要传授必要的专业知识，还要讲解哲学、社会科学、历史学、心理学、宗教学、数学、艺术学、美学等知识，以培养出具备综合素质能力的优秀设计师。另外，在现代艺术设计院校中，对设计方法、基础工艺、专业设计及毕业设计等实践类课程也越来越注重教学课题的创新。

理论来源于实践、指导实践并接受实践的检验，我国现代艺术设计教育的研究正是沿着这样的路线，在设计理论与教学实践中不断摸索前进。在具体的教学理论方面，几年前或十几年前的教材已经无法满足现代艺术教育的需求，知识的快速更新为现代艺术教育理论的发展提供了新的平台，兼具知识性、创新性、前瞻性的教材不断涌现出来。

随着社会多元化产业的发展，社会对艺术设计类人才的需求逐年增加，现在全国已有 1400 多所高校设立了艺术设计类专业，而且各高等院校每年都在扩招艺术设计专业的学生，每年的毕业生超过 10 万人。

随着教学的不断成熟和完善，艺术设计专业科目的划分越来越细致，涉及的范围也越来越广泛。我们通过查阅大量国内外著名设计类院校的相关教学资料，深入学习各相关艺术院校的成功办学经验，同时邀请资深专家进行讨论认证，发觉有必要推出一套新的，较为完整、系统的专业院校艺术设计教材，以适应当前艺术设计教学的需求。

我们策划出版的这套艺术设计类系列教材，是根据多数专业院校的教学内容安排设定的，所涉及的专业课程主要有艺术设计专业基础课程、平面广告设计专业课程、环境艺术设计专业课程、动画专业课程等。同时还以专业为系列进行了细致的划分，内容全面、难度适中，能满足各专业教学的需求。

本套教材在编写过程中充分考虑了艺术设计类专业的教学特点，把教学与实践紧密地结合起来，参照当今市场对人才的新要求，注重应用技术的传授，强调学生实际应用能力的培养。而且，每本教材都配有相应的电子教学课件或素材资料，可大大方便教学。

在内容的选取与组织上，本套教材以规范性、知识性、专业性、创新性、前瞻性为目标，以项目训练、课题设计、实例分析、课后思考与练习等多种方式，引导学生考察设计施工现场、学习优秀设计作品实例，力求教材内容结构合理、知识丰富、特色鲜明。

本套教材在艺术设计类专业教材的知识层面也有了重大创新，做到了紧跟时代步伐，在新的教育环境下，引入了全新的知识内容和教育理念，使教材具有较强的针对性、实用性及时代感，是当代中国艺术设计教育的新成果。

本套教材自出版后，受到了广大院校师生的赞誉和好评。经过广泛评估及调研，我们特意遴选了一批销量好、内容经典、市场反响好的教材进行了信息化改造升级，除了对内文进行全面修订外，还配套了精心制作的微课、视频，提供了相关阅读拓展资料。同时将策划出版选题中具有信息化特色、配套资源丰富的优质稿件也纳入到了本套教材中出版，以适应当前信息化教学的需要。

本套教材是对信息化教材的一种探索和尝试。为了给相关专业的院校师生提供更多增值服务，我们还特意开通了"建艺通"微信公众号，负责对教材配套资源进行统一管理，并为读者提供行业资讯及配套资源下载服务。如果您在使用过程中，有任何建议或疑问，可通过"建艺通"微信公众号向我们反馈。

诚然，中国艺术设计类专业的发展现状随着市场经济的深入发展将会逐步改变，也会随着教育体制的健全不断完善，但这个过程中出现的一系列问题，还有待我们进一步思考和探索。我们相信，中国艺术设计教育的未来必将呈现出百花齐放、欣欣向荣的景象！

肖　勇　傅　祎

"建艺通"微信公众号

前言 PREFACE ·································◎

　　"公共空间"是大众从事贸易、办公、集会、学习、休闲娱乐等活动的公共场所，具有开放、参与、认同、交流、互动等特点。"公共空间设计"是围绕建筑既定的空间形式，以"人"为中心，根据建筑物的使用性质、所处环境和相应标准，依据人的社会功能需求、审美需求设立空间主题，运用现代技术手段和设计原理，赋予空间个性与内涵，设计满足人们物质生活和精神生活需要的公共空间室内环境。

　　经济、技术的快速发展，带来了社会需求层面的变化，功能与审美之间的权重关系有了明显改变，人们对公共空间室内环境有了更高的审美诉求。处在经济、技术、文化、互联网快速发展的环境下，人们的学习方式、生活方式都在发生着巨大的变化，这些都影响着学校教育。学校应该紧跟时代发展，调整教学模式，将行业发展的新工艺、新材料、新技术及发展趋势引入课程，将前沿设计成果纳入教材，满足教学改革和应用型人才培养需要。

　　本书根据目前公共空间设计的发展趋势，分析了行业、企业对人才综合素质与能力的要求及岗位需求，研究了本专业人才培养的规律，强调了行业规范，有助于学生在教师的指导下理解公共空间设计概念、把握设计原则、运用设计方法、参与设计程序等，为今后走向职业岗位打下良好的专业实践基础。

　　本书最大的特点，一是编写思路主要体现应用型人才培养的目的，以"工作过程"为主导，以公共空间室内设计"项目"为模块，突出工作任务；二是适应数字化时代的生活方式，以纸质教材＋数字化课程的立体化配套教材呈现。读者可以通过教材系统化学习，也可以通过"二维码"随时随地进行补充式、碎片式、移动式学习。教材中的数字化资源包括微课、课件、案例分析、学生作品欣赏等。

　　本书在内容选择上充分考虑专业、行业的最新发展，根据工作过程和工作任务进行编排，突出重点，形成了较完整的知识体系和循序渐进的教学梯度。书中案例是校企合作项目的真实案例，以校企合作举办大赛的内容为主，另外辅以前沿的设计案例、经典作品、学生获奖作品等，注重激发学生创意思维。本书在编写过程中，针对设计学院课程的特点，根据自身的教学经验，同时借鉴了一些专家同行的观点，在内容讲述上尽可能做到系统全面。

　　本书由张洪双任主编，杨金花、马俊、徐广军任副主编，郭亘室内设计工作室郭亘提供"湘潭人家"主题餐厅设计案例、大连乾坤盛誉建设装饰设计工程有限公司李国胜提供海洋婚礼主题餐饮空间装饰设计案例、北京华毅司马展览工程有限公司吴艳提供展示空间案例、大连盛滕建筑装饰设计工程有限公司许可提供办公空间图片、沈阳尼克装饰设计有限公司阎明提供办公空间案例，大连上乘设计有限公司曲春光提供时光赋予味道——维苏唯披萨店设计案例，在此感谢他们的辛勤付出，感谢为本书做出努力的老师和同学们。本书项目一由张洪双编写，项目二由徐广军编写，项目三由马俊编写，项目四、项目五由杨金花编写。

　　本书参考了国内外较多优秀设计案例及作品，也引用了一些专家的设计理论，虽然大部分已经在书后列出了参考文献，但难免会有遗漏，在此谨向这些文献作者一并表示诚挚的谢意。

编　者

目录 CONTENTS

项目一 餐饮空间设计

任务一 承接设计任务

一、设计主题

请根据餐饮空间的建筑平面图（图 1-1），进行餐饮空间的设计。

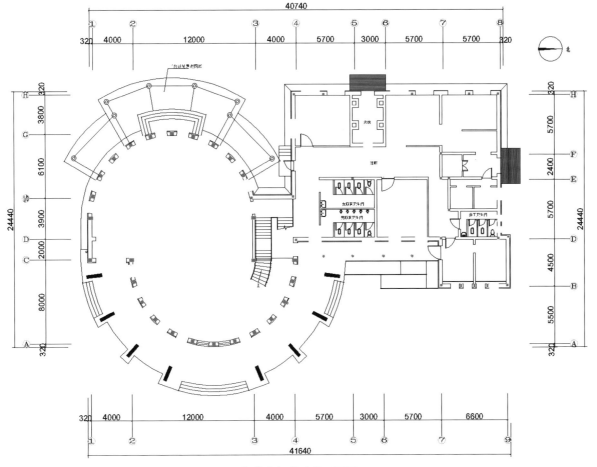

图 1-1　餐饮空间的建筑平面图

二、具体内容

（1）绘制相应的功能分析图（人流分析图、功能分析图、色彩分析图）。

（2）绘制简要的思维导图。

（3）绘制平面图（1～2张）、立面图（4张）、天花图（1～2张）、效果图（4张）。

（4）撰写设计说明（500～800字）。

（5）展板：提供JPG文件，并按A0竖向幅面排版制作，精度至少为72 dpi，数量2版。

（6）制作PPT。

三、任务要求

（1）作品必须符合基本要求，突出命题的主旨。

（2）鼓励通过设计实现对室内环境中的人与空间界面关系的创新，提倡安全、卫生、节能、环保、经济的绿色设计理念和个性化的设计。

（3）室内环境中功能设计合理，基本设施齐备，能够满足营业的要求。

（4）体现可持续发展的设计理念，注意应用适宜的新材料和新技术。

任务二　设计准备

一、调研内容

数字资源1-1 餐饮空间
调研分析

（1）思考餐饮空间设计与选址的关系。

（2）思考餐饮空间怎么设计才能更醒目。

（3）思考餐饮空间设计与消费者心理需求的关系。

（4）学习餐饮空间设计的常见方法。

（5）寻找设计的突破点，借助设计手段，突出展示的新奇的特点。

（6）探究餐饮空间的软环境和就餐心理的关系。

（7）讨论餐饮空间的流线设计。

（8）你去过的餐饮空间中，你觉得哪些方面令你不是很满意，列举出来，可以从设计角度谈谈解决方法，或者把问题提出来，拿到讨论课中一起交流。

二、资料收集

（1）收集国内外中餐厅、西餐厅、快餐厅等各类餐厅的平面图及效果图，进行分析。

（2）收集餐厅空间各界面（墙面、地面、棚面、柱面等）设计有特色的案例图片，进行分析。

（3）收集餐厅空间的软装饰（家具、窗帘、工艺品、灯具等），进行分析。

任务三　方案分析

一、餐饮空间分析要求

（1）客户信息与设计要求分析。

（2）场所实际情况的分析。此项目位于一个人流密集的盐浴度假村（图1-2），需要考虑在整体风格的设计上以哪种风格为主，才能在风格上、格局上给人的感觉都很惬意。

（3）市场背景。此项目处于盐浴度假村，人均消费水平相对较高，而一个项目是否能够盈利与人群的消费水平有直接的关系，所以此项目正处于一个中高端消费场所。

图1-2　项目鸟瞰图

（4）设计风格与理念定位。

请思考有人提到海洋的时候，一般人会想到什么颜色，又会想到哪些东西。

蓝色是象征着大海的颜色，所以海洋主题餐厅要以蓝色为主色调进行设计。

海水、沙滩、海洋生物、海鸟、轮船，在听到这些东西的时候，一般人会直接或间接地想到大海，这些东西都可以作为设计元素，运用到餐厅设计中。

请思考有人提到地中海的时候，一般人第一时间能想到什么，又能想到什么颜色。

一般人会想到大海的蓝色、天空中云彩的白色、沙滩的黄色。

总之，主要的颜色是白色、蓝色、黄色、绿色以及土黄色和红褐色，这些都来自大自然最纯朴的元素。其特点是明亮、大胆、色彩丰富。

二、餐饮空间设计要点

（一）餐饮空间设计主题的确立

在设计过程中，很多新鲜的思路都可以产生主题，也就是说主题是千变万化的。

数字资源1-2　海洋婚礼
主题餐饮空间装饰设计

1. 以特定的环境为主题

餐厅设置在特定的环境中，可以让客人在用餐过程中感受到周围特别的情调与风景，如草原餐厅、海底餐厅（图1-3）等。比如人们进入三亚银泰度假酒店，就会有与喧嚣的世界失去了联系的感觉：洁白的沙滩上沙细如粉，清澈的海水轻轻地依偎在上面，从近到远渐渐变蓝，直到与天空融为一体，海天交界处，泊着一艘白色的帆船。可以说三亚银泰度假酒店创造了一处与世俗相隔绝的世界。宁静深远的海洋、洁白柔软的沙滩、微风摇曳的椰林、时尚动态的酒吧、绮丽迷人的亚热带风土人情、优雅闲适的异国情调，使人们置身其中而浑然忘我。其带给人们的是一种休闲的氛围，所以该酒店是优美的自然风光与现代时尚功能高度整合的完美形态。

图1-3　海底餐厅

2. 以色彩确定设计的主题

色彩是室内主题空间设计中最活跃、最直接的视觉要素，在视觉传达中有先声夺人的作用。一个成功的室内设计，往往建立在良好的色彩表达的基础上，因为色彩是营造室内氛围最重要的方式。室内主题空间色彩表达主要任务就是结合主题进行室内空间的色彩设计。色彩在室内主题空间设计中最能引起人的注意，唤起人的某种情感（图1-4）。

3. 用材料与肌理营造室内设计主题

肌理是材料表面的组织构成所产生的视觉感受。餐饮环境中每种实体材料都有自身的肌理特征与性格，充分调动这种特性，可创造出新颖别致的主题效果。不同的材料可以代表不同的时代特征；不同的材料可以造就不同的空间样式；不同的材料可以营造不同的装饰风格（图1-5）。

4. 以光确定设计的主题

光可以说是一个较灵活及富有趣味的设计元素，可以成为气氛的催化剂，是室内的焦点及主题所在，也能加强现有装潢的层次感。运用光语言并发挥光元素的表现力，可以创造优美宜人的室内环境。室内空间的营造设计在从布局、结构、色彩及材料入手之

图1-4　色彩主题餐厅

前，光，这一先决条件便已存在。在每个内部空间形成的同时，随着光的作用，影也相应出现于空间内部（图1-6）。

图1-5　用材料与肌理营造室内设计主题　　　　图1-6　以光确定设计的主题

（二）餐饮空间设计切入点

1. 满足功能需求

（1）门面出入口（图1-7）功能区是餐厅的第一形象，最引人注目，容易给人留下深刻的印象。

（2）接待区和候餐功能区承担着迎接顾客、休息等候用餐的"过渡区"功能，其一般设在用餐功能区的前面或者附近，面积不宜过大，但要精致，设计时要适度，不要过于繁杂，以营造出一个放松、安静、休闲、有情趣、可观赏、充满文化氛围的候餐环境。

（3）用餐功能区是主题餐饮空间的经营主体区，也是顾客到店的目的功能区，是设计的重点，设计内容包括餐厅的室内空间的尺度、分布规划的流畅性、功能的布置使用、家具的尺寸和环境的舒适性等。

（4）配套功能区（图1-8）是主题餐饮空间的服务区域，也是主题餐厅的档次的象征。主题餐厅的配套设施设计是不应忽视的。

图1-7　餐厅门面出入口　　　　　　　　　　图1-8　配套功能区

（5）服务功能区是主题餐饮空间的主要功能区，主要为顾客提供用餐服务和营业中的各种服务。

（6）厨房的工作空间非常重要，在一般的餐厅中，制作功能区的面积与营业面积比在 3 ∶ 7 左右为佳。

2. 主题营造

餐饮室内空间的主题营造（图 1-9），就是在室内餐饮环境中，为表达某种主题含义或突出某种要素进行的理性设计，其有助于提升餐饮环境的氛围，有助于指导室内设计风格的形成。

3. 意境设计

意境设计是餐馆卖场形象设计的具体表现形式，它是餐馆经营者根据自身的经营范围和品种、经营特色、建筑结构、环境条件、顾客消费心理、管理模式等因素确定的企业理念信条或经营主题，餐馆经营者以此为出发点进行相应的卖场设计。一般来说，设计者通过导入企业形象策略来实现意境设计，例如按企业视觉识别系统中的标识、字体、色彩而设计的图画、短语、广告等均属意境设计。意境设计是卖场整体设计的核心和灵魂（图 1-10）。

图 1-9　餐厅室内空间的主题营造

图 1-10　餐厅意境设计

图 1-11　服务动线

数字资源1-4　餐饮空间动线设计

（三）餐饮空间的动线设计

餐饮空间中的动线设计原则如下：服务动线（图 1-11）要高效，顾客动线是主导路线，后勤保障人员动线要便捷。餐饮空间动线设计特点是高效性、流动性、序列性，其中，高效性突出地反映在服务的高效、便捷上。

动线设计以直线为佳（图 1-12），好的动线设计，可以使消费者迅速理解项目布局的逻辑，产生可以快速离去的安全感，从而可以放心在店里走动。

宽阔的走廊（图1-13）鼓励顾客快步走；狭窄的过道鼓励顾客浏览；拥挤的过道让顾客转身离开。所以，如果通道太宽，顾客就不会留意到周围的装饰、菜品，他们会快速通过；如果通道过于拥挤，顾客会选择转身离开。因此，餐厅预留通道不能太宽也不能太窄，具体要根据位置而言：要吸引顾客进店，那么门口就要足够宽；想要留住客人，就要适当狭窄。

餐储的动线（图1-14）首先要进行区域的划分，如储藏部分、加工部分、备餐部分、出入餐部分，按这样的流程进行合理的分配，动线就相当明确了。后厨根据功能可将动线分为：储藏部分、加工部分、备餐部分。后厨的动线（图1-15）要考虑出餐和收餐两条路线。每一条路线都要清晰。

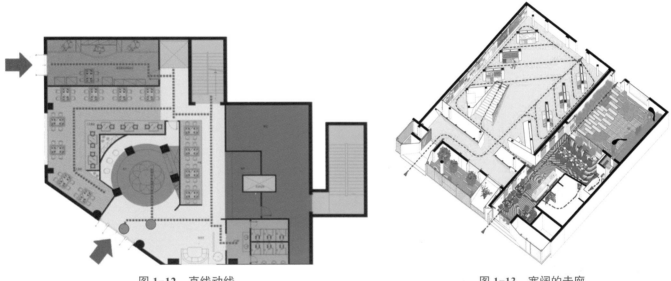

图 1-12 直线动线   图 1-13 宽阔的走廊

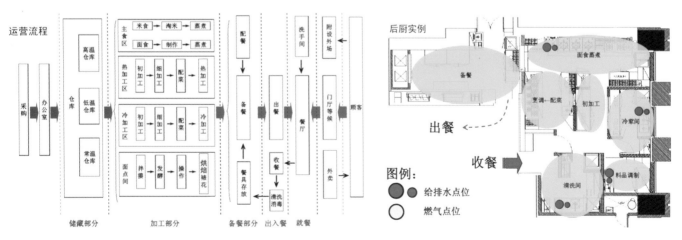

图 1-14 餐储的动线   图 1-15 后厨的动线

（四）餐饮空间界面设计要素

在一个给定的空间范围内，以既定的、具有鲜明特色的饮食主题为设计依据，对此空间进行设计，要在功能布局、流线设置合理、顺畅的前提下，抓住接待处、大堂、包厢、收银处几个重点的

图1-16　顶棚界面

铺设，可以适当运用材质界面、造景、灯光等综合设计手段，使用餐环境符合轻松、舒适的心理需求的同时，突出餐厅的空间、形象特点，创造餐厅的文化附加值，营造出舒适宜人、气氛恰当的用餐环境。

1. 餐厅顶棚界面设计

顶棚界面（图1-16）的作用之一是界定餐厅空间的层高，不同的层高影响着空间的不同形态并明确规定着相互之间的关系，可以把许许多多凌乱的空间联系起来，形成整体的格局。在顶棚界面设计中，有诸多的因素需要考虑，如顶棚的照明系统、报警系统、消防系统等。除了解决技术性的问题外，还需要注意：不能忽视顶棚界面的高度，因为不同高度的顶棚界面带给人们的心理感受是不同的。

顶棚设计的主要方法有两种，一是建筑原始顶棚（图1-17），其利用建筑原始结构（图1-18），体现建筑本身之美；二是造型顶棚，其强调顶部造型，主题表达明确，使整体风格与环境相统一。

图1-17　建筑原始顶棚

图1-18　建筑原始结构

2. 餐厅墙体界面设计

墙体作为空间里垂直的界面形式，在餐厅空间里起着重要作用（图1-19）。通过墙体界面设计可以进行空间的分隔与空间的联系。分隔方式决定空间彼此之间的联系程度，同时也可以创造出不同的情趣和意境，从而也影响着人们的情绪。

餐厅空间墙体界面设计有许多种方法，作为一个设计师应该好好地把握墙体界面的设计语言。墙体界面的设计方法包括：餐厅空间墙体的表达方法、家具陈设的立面表达方法、装饰造型的表达方法、装饰材料的表达方法。餐厅空间墙体的表达方法是多种多样的，可根据餐厅空间的要求和心理空间的要求来选择

图1-19　餐厅墙体界面设计

和利用。可以是固定空间和可变空间；可以是静态空间和动态空间。

墙体以其实体的板块形式，在地面上分隔出功能不同的活动空间，墙体的闭合程度可在设计阶段解决，在明确其闭合程度之后可通过不同设计手段来表达形式美感。主要设计方式有：注意墙体材料（图1-20）或墙面装饰材料拼接缝的线型语言，线型的长、短、曲、直、疏、密等语言的单独使用或组合使用都能形成不同的风格特点；合理使用绘画、浮雕等界面装饰手法；利用好天然材料、人工材料以及旧料新用的质感语言；控制好壁龛、开孔等改变墙面轮廓形状的处理手法；注意重点照明、特殊照明手法的运用；在公共空间中要注重墙体对信息元素的承载。

图 1-20　墙体材料

（五）各类餐饮空间设计要点

1. 中式餐厅

中式餐厅（图1-21）在我国的饭店建设和餐饮行业中占有很重要的位置。中式餐厅在室内空间设计中通常运用传统形式的符号进行装饰与塑造，既可以运用藻井、宫灯、斗拱、挂落、书画、传统纹样等装饰语言组织空间或界面，也可以运用我国传统园林艺术的空间划分形式，如拱桥流水、虚实相形、内外沟通等手法组织空间，以此来营造中华民族传统的浓郁气氛。

中式餐厅的入口处常设置中式餐厅的形象与符号招牌及接待台，入口宽大以便人流通畅。前室一般可设置服务台和休息等候座位。餐桌的形式有8人桌、10人桌、12人桌，以方形或圆形桌为主，如八仙桌、太师椅等家具。同时，餐厅中可设置一定数量的雅间或包房及卫生间。

中式餐厅的装饰虽然可以借鉴传统的符号，但仍然要在此基础上，寻求符号的现代化、时尚化，符合现代人的审美情趣和时代气息。

图 1-21　中式餐厅设计

2. 宴会厅

宴会是在普通用餐的基础上发展起来的高级用餐形式，也是国际交往中常见的活动之一。宴会厅（图1-22）主要用来举办婚礼宴会、纪念宴会、新年宴会、圣诞晚会、团聚宴会乃至国宴、商务宴等。宴会厅的装饰设计应体现出庄重、热烈、高贵而丰满的品质。

为了适应不同的使用需要，宴会厅常设计成可分隔的空间，需要时可利用活动隔断分隔成几个小厅。入口处应设接待处；厅内可设固定或活动的小舞台。宴会厅的净高为：小宴会厅 2.7 ～ 3.5 米，大宴会厅

图 1-22　宴会厅设计

图1-23　风味餐厅设计

5米以上。宴会前厅或宴会门厅，是宴会前的活动场所，此处设衣帽间、电话、休息椅、卫生间（兼化妆间）。宴会厅桌椅布置以圆桌、方桌为主。椅子选型应易于叠落收藏。宴会厅应设储藏间，以便于桌椅布置形式的灵活变动。

当宴会厅的门厅与住宿客人用的大堂合用时，应考虑设计合适的空间形象标识，以便在门厅能够把参加宴会的来宾迅速引导至宴会厅。宴会厅的客人流线与服务流线应尽量分开。

3. 风味餐厅

风味餐厅（图1-23）主要通过提供独特风味的菜品或独特烹调方法的菜品来满足顾客的需要。风味餐厅种类繁多，充分体现了饮食文化的博大精深。

风味餐厅最突出的特点是具有地方性及民族性。具体说来其特点有：风味餐厅具有明显的地域性，强调菜品的正宗及口味地道、纯正；风味餐厅以某一类特定风味的菜品来吸引目标顾客，餐具种类有限而简单。因此，设计师应根据风味餐厅的不同类型设置不同的功能区域。

风味餐厅的风格是为了满足某种民族或地方特色菜而专门设计的，主要目的是使人们在品尝菜肴时，对当地民族特色、建筑文化、生活习俗等有所了解，并感受其文化的精神所在。

风味餐厅在设计上，从空间布局、家具设施到装饰词汇都应洋溢着与风味特色相协调的文化内涵；在表现上，要求精细与精致，整个环境的品质要与它的特色服务相协调，要创造一个令人感到情调别致、环境精致、轻松和谐的空间，使宾客们在优雅的气氛中愉快用餐。

风味本身是餐饮的内容和形式的一种提炼，有其自身的特殊性，因此风味餐厅注入高级品位是餐饮业走入档次消费极端化的一种趋势。随着消费市场结构的变化、不同消费层次距离的拉大，高级品位和特殊风味的融合日益受到市场的重视。

4. 西餐厅

西餐厅（图1-24）在饮食业中属异域餐饮文化。西餐厅以供应西方某国特色菜肴为主，其装饰风格也与某国民族习俗相一致，充分尊重其饮食习惯和就餐环境需求。

图1-24　西餐厅设计

与西方近现代的室内设计风格的多样化相呼应，西餐厅室内环境的营造方法也是多样化的，大致有以下几种。

（1）欧洲古典气氛的风格营造：这种手法通常运用一些欧洲建筑的典型元素，诸如拱券、铸铁花、扶壁、罗马柱、夸张的木质线条等来构成室内的欧洲古典风情。同时，其还结合现代的空间构成手段，从灯光、音响等方面来加以补充和润色。

（2）富有乡村气息的风格营造：这是一种田园诗般恬静、温柔，富有乡村气息的装饰风格。这种营造手法较多地保留了原始、自然的元素，使室内空间流淌着一种自然、浪漫的气息，质朴而富有生气。

（3）前卫的高技派风格营造：如果目标顾客是青年消费群，那么运用前卫而充满现代气息的设计手法最适合青年人的口味。运用现代简洁的设计语言时，轻快而富有时尚气息，偶尔会流露出一种神秘莫测的气质。这种空间构成一目了然，各个界面平整光洁，再加上各种灯光的巧妙运用，室内呈现出温馨时尚的气氛。

总的来说，西餐厅的装饰特征是富有异域情调，所以设计语言上要结合近现代西方的装饰流派而灵活运用。西餐厅的家具多采用二人桌、四人桌或长条形多人桌。

5. 快餐厅

快餐厅（图1-25）是提供快速餐饮服务的餐厅。快餐厅起源于20世纪20年代的美国，可以认为这是把工业化概念引进餐饮业的结果。快餐厅适应了现代生活快节奏、注重营养和卫生的要求，在现代社会获得了飞速的发展，麦当劳、肯德基即为最成功的例子。快餐厅的规模一般不大，菜肴品种较为简单，多为大众化的中低档菜品，并且多以标准分量的形式提供。

快餐厅的室内环境设计应该以简洁明快、轻松活泼为宜。其平面布局直接影响快餐厅的服务效率，应注意区分出动区与静区，在顾客自助式服务区避免出现通行不畅、互相碰撞的现象。

图1-25　快餐厅设计

快餐厅的灯应以荧光灯为主，明亮的光线会加快顾客的用餐速度；快餐厅的色彩应该鲜明亮丽，诱人食欲；快餐厅的背景音乐应选择轻松活泼、动感较强的乐曲或流行音乐。

6. 自助餐厅

自助餐厅（图1-26）的形式灵活、自由、随意，亲手烹调的过程充满了乐趣，顾客能共同参与并获得心理上的满足，因此自助餐厅受到消费者的喜爱。

自助餐厅设有自助服务台，集中布置盘碟等餐具。陈列台应分为冷食区、热食区、甜食区和饮料、水果区等区域，以避免食物成品与半成品的混淆。设计要充分考虑到人的行动条件和行为规律，让人操作方便，并要激发消费者参与自助用餐的动机。

自助餐厅内部空间处理上应简洁明快，通透开敞，一般以设座席为主，柜台式席位也很适合。自助餐厅的通道应比其他类型的餐厅通道宽一些，便于人流及时疏散，以加快食物流通和就餐速度。在布局分隔上，应尽量采用开

图1-26　自助餐厅设计

图 1-27　咖啡厅设计

数字资源 1-5　无形中见
有形——LamP 酒吧设计

图 1-28　酒吧设计

敞式或半开敞式的就餐方式，特别是自助餐厅因食品多为半成品，加工区可以向客席开敞，以增加就餐气氛。

7. 咖啡厅、茶室

咖啡厅（图 1-27）是提供咖啡、饮料、茶水，半公开的交际活动场所。咖啡厅平面布局比较简明，内部空间以通透为主，应留足够的服务通道。咖啡厅内须设热饮料准备间和洗涤间。咖啡厅通常用直径 550 ～ 600 毫米圆桌或边长 600 ～ 700 毫米方桌。

咖啡厅源于西方饮食文化，因此，设计形式上更多追求欧化风格，充分体现其古典、醇厚的风格。现代很多咖啡厅通过简洁的装修、淡雅的色彩、各类装饰摆设等，来增加店内的轻松、舒适感。

茶是全世界广泛饮用的饮品，种类繁多，具有保健功效，各类茶馆、茶室成为人们休闲会友的好去处。茶室的装饰布置以突出古朴的格调、清远宁静的氛围为主。目前茶室以中式与和式风格的装饰布置为多。

近年来出现了许多不同主题和经营形态的咖啡厅、茶室，它们与都市的现代化生活和休闲气氛结合起来，为人们增添了各式各样的生活情趣。

8. 酒吧

酒吧（图 1-28）是 "Bar" 的音译词，可分为在饭店内经营的酒吧和独立经营的酒吧，其种类很多，是必不可少的公共休闲空间。酒吧是人们亲密交流、沟通的社交场所，在空间处理上宜把大空间分成多个尺度较小的空间，以适应不同层次的需要。

酒吧在功能区域上主要有座席区（含少量站席）、吧台区、化妆室、音响、厨房等几个部分，少量办公室和卫生间也是必要的。一般每席 1.3 ～ 1.7 平方米，通道为 750 ～ 1300 毫米宽，酒吧台宽度为 500 ～ 750 毫米。可视其规模设置酒水储藏库。

酒吧台往往是酒吧空间中的组织中心和视觉中心，设计上可予以重点考虑。酒吧台侧面因与人体接触，宜采用木质或软包材料，台面材料需光滑、易于清洁。

　　酒吧的装饰应突出其浪漫、温馨的休闲气氛和感性空间的特征。因此，酒吧的设计应在和谐的基础上大胆拓展思路、寻求新颖的形式。酒吧的空间处理应轻松随意，比如可以处理成异型或自由弧型空间。

　　酒吧的装饰常常带有强烈的主题性色彩，以突出某一主题为目的，个性鲜明，综合运用各种造型手段，对消费者有刺激性和吸引力，容易激起消费者的热情。作为一种时尚性的营销策略，它通常几年便要更换装饰手法，以保证持久的吸引力。

任务四　方案生成

　　草图属于设计师比较个人化的设计语言，一般多用于设计师之间交流沟通，草图通常以徒手形式绘制，看上去不那么正式，花费时间也相对较少。其绘制技巧在于快速、随意，高度抽象地表达设计概念，不必过多涉及细节。

一、思维导图

　　思维导图以一个词或一个形态为主题或中心，利用发散思维将自己头脑中已有的知识和新的知识进行重新认知和组合，聚集主题，体现设计主题。思维导图强调快速思维，思维越快，思维组合越积极，所以力求在最短的时间内将思维高速运转起来，并让思维有序地流淌出来，在思维涌出时敏捷地抓住突然闪现的思维灵感（图 1-29）。

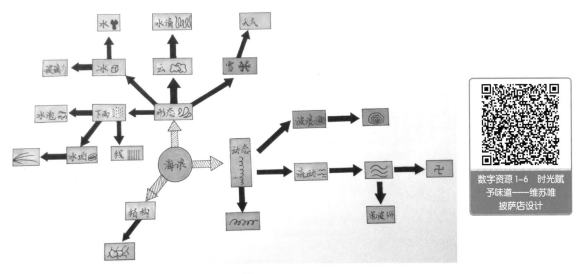

图 1-29　思维导图

二、功能分析图

　　功能分析图虽说是一简单的图示，但是它是在设计师们对空间性质的充分理解，对空间功能关系广泛而深入的调查分析，对各空间的主次、内外、疏密等关系的充分辩证的认识和在对空间中的

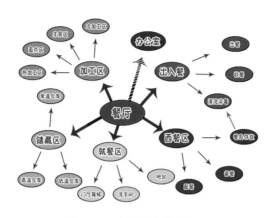

图 1-30 本项目功能分析图

人的行为流程的科学把握的基础上产生的。

虽然在具体的空间规划过程中可适时地调整功能关系图，但是总的各空间组成关系应当在功能关系图中明确表达。设计师们面对信息时代下的复杂的空间组合时，由平面的、立体的、全方位的分析研究而得出功能分析图是必需的，它可在具体的空间组合规划设计时起到事半功倍的效果，本项目按照工作流线进行功能分析（图 1-30）。

三、人流分析图

在空间规划设计中，各种流线的组织也是很重要的。流线组织直接影响到各空间的使用质量，组织很差的会造成使用上的混乱。而现代综合类建筑空间中的流线是多方面的，是非常复杂的，设计师们往往会以分析流线的简图来综合表达建筑物中人流的集散、货物的进出及车流的疏导，而这样的简图，称为流线分析图。本项目人流分析图（图 1-31），主要分为顾客流线和员工流线。

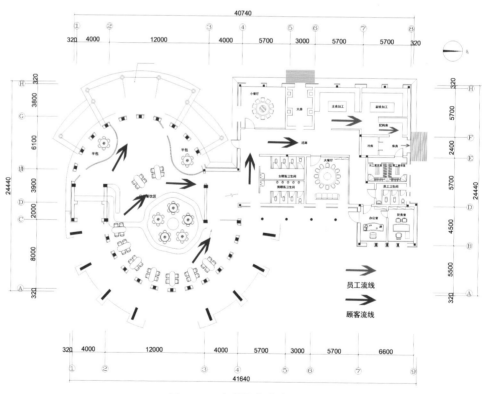

图 1-31 本项目人流分析图

四、材料分析图

本项目材料分析图（图 1-32），分析项目中所用到的主材，可以简要说明材料规格及特性等。

图 1-32 本项目材料分析图

五、施工图绘制

室内设计一般要经过两个阶段：一是方案设计阶段，二是施工图阶段。在方案设计阶段，要画方案图和效果图。方案确定后，就要根据确定的方案绘制施工图，并以此作为指导施工和编制工程预算的依据。

1. 平面图

本项目平面图（图 1-33）是室内设计工程中的主要图样，实际上是一种水平剖面图，就是用一个假想的水平剖切面，在窗台上方，把房间切开，移去上面的部分，由上向下看，对剩余部分画的正投影图。其表示房间的分隔与组合，墙、柱的断面与尺寸，门、窗、景门、景窗的位置、尺寸与门的开启方式，楼梯、电梯、自动扶梯、室内台阶的位置与形式，家具、陈设、卫生洁具及所有固定设备的位置。

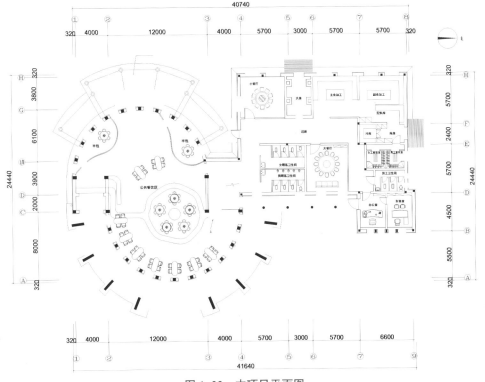

图 1-33 本项目平面图

2. 顶棚图

本项目顶棚图（图 1-34）是将房屋沿水平方向剖切后，用正投影方法绘制而得的图样，用以表达顶棚造型、材料、灯具及空调、消防系统的位置。它是室内装饰最复杂也是重要的组成部分。

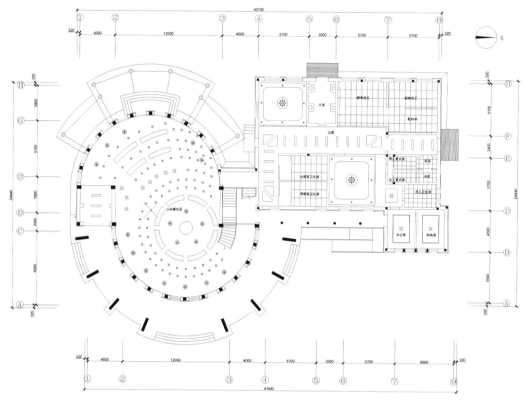

图 1-34　本项目顶棚图

3. 立面图

本项目立面图（图 1-35）是将房间从竖向剖切后，用正投影方法绘制而得的图样，用来反映室内墙、柱面的装饰造型、材料规格、色彩与工艺以及反映墙、柱与顶棚之间的相互联系。

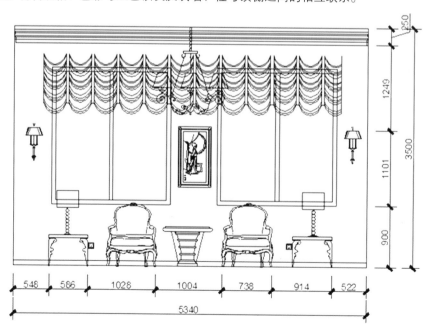

图 1-35　本项目立面图

4. 电脑效果图

电脑渲染是把造型、色彩、材质、光影、动静都数字化，让电脑完成中间过程，设计师的任务就是前期建模、输入数据、后期调整修改。

在设计表现图领域里，使用电脑绘制的各种效果图（图 1-36~ 图 1-39）以形体透视比例准确、色彩明暗对比细腻、材料质感刻画逼真、情景气氛表达亲切以及画面便于调整修改，并可大量、快速复制等优点占据了效果图市场绝对优势的地位，这是科技进步的客观反映。随着设计师和电脑操作者技能的熟练与艺术修养的提高，电脑绘画在设计表现图上的表达效果还会有所创新、有所突破，还将更好地发挥出不可替代的作用。

图 1-36 本项目效果图（一）

图 1-37 本项目效果图（二）

图 1-38 本项目效果图（三）

图 1-39 本项目效果图（四）

六、意向图的搜集

运用线元素来表现简约、时尚的画面效果是一种行之有效的方法。线在设计中具有分割画面、框定主体、重复加深、表现质感等作用和特点，可见线是制造画面空间感、秩序感的有效方式。

1. 材料意向图

材料意向图（图 1-40）可以体现材料的肌理美、质地美，在室内外空间界面和空间内物体的表现中，合理地选择和利用材料，使材

图 1-40 材料意向图

料的材质美得到充分的体现，才能更好地创造具有独特个性的室内外空间环境。如：天然石材具有粗犷的表面和多变的层状结构，玻璃砖、各种织物、壁纸等成为现代室内设计材料的重要美感因素。

图 1-41　家具意向图

2. 家具意向图

家具在室内设计中占有十分重要的地位，它在很大程度上能够实现室内空间的再创造。通过家具的不同组合和设计可以创造出全新的室内空间，而对于一些形态欠佳的室内空间，依靠家具的设计和放置，可以在一定程度上予以弥补。如果没有符合人们情感的好家具，就无法创造出理想的室内空间环境（图 1-41）。

3. 灯具意向图

室内灯具不仅能满足人们日常生活和各种活动的需要，而且是一种重要的艺术造型和烘托气氛的手段。它对于人的心理、生理有强烈的影响，可以造成美与丑的印象、舒畅或压抑的感觉（图 1-42）。

图 1-42　灯具意向图

4. 软装饰意向图

软装饰作为室内装饰中的一个重要组成部分，体现了室内环境的设计风格及审美意向，同时在各方面也显示出了美学特征。室内陈设艺术能提高室内环境装饰品位，赋予室内空间文化内涵，创造意境烘托室内气氛，创造二次空间，体现民族特色和陶冶情操。设计师需要搜集意向图来补充图纸的局部具体效果（图 1-43）。

图 1-43　软装饰意向图

● 实训内容 ···◎

一、实训题目

主题餐饮空间的设计。

二、实训目的

（1）掌握空间尺度的概念、空间类型、空间设计手法。

（2）掌握展示空间主题的营造方法。

（3）掌握展示道具的设计方法。

三、实训内容

（1）建筑图纸如图 1-44 所示。此建筑层高 6.9 米。

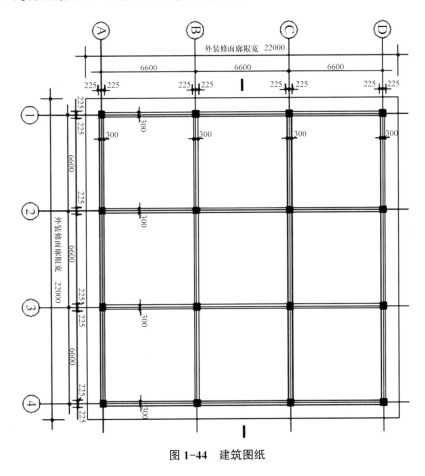

图 1-44　建筑图纸

（2）建筑室内空间的限定条件和构成要素在接近或符合实际建筑空间的前提下，自主确定。

四、实训要求

（1）以自拟主题作为快餐店的设计引导。

（2）充分利用室内的空间关系，表达餐饮空间的氛围。

（3）利用主题元素，突出设计理念。

（4）能给消费者一定的视觉冲击力，同时也要表现出快餐的经营特色。

数字资源1-8 "秘亭新派韩食"餐饮空间设计提案

数字资源1-9 "湘潭人家"主题餐厅设计

数字资源1-10 "荷"主题餐厅设计

五、设计实训图纸表达

（1）平面图（含地面铺装、设施、陈设设计、建筑设备系统概念设计等）（出图比例1∶100或1∶50）。

（2）顶面图（含顶面装修、照明设计、建筑设备系统概念设计等）（出图比例1∶100或1∶50）。

（3）基本功能空间的立面图（每空间至少2个立面，须表示空间界面装修、设施和相应的陈设设计等）；其他功能空间（自拟）的立面图数量自定（出图比例1∶50或1∶30）。

六、实训设计思路

主题餐饮空间的设计程序如下：

（1）调查、了解、分析现场情况和投资数额。

（2）进行市场分析研究，做好顾客消费的定位和经营形式的决策。

（3）充分考虑并做好原有建筑、空调设备、消防设备、电气设备、照明灯饰、厨房、燃料、环保、后勤等因素与餐厅设计的配合。

（4）确定主题风格、表现手法和主体施工材料，根据主题定位进行空间的功能布局，并做出创意设计方案效果图和创意预想图。

（5）和业主一起会审、修整、定案。

（6）施工图的扩初设计和图纸的制作：如平面图、天花图、灯位图、立面图、剖面图、大样图、轴测图、效果图、设计说明、五金配件表等。

项目二 | 展示空间设计

任务一　承接设计任务

一、设计主题

将开间和进深均为 12 米、举架高 4 米的空间设计成一机械表展厅，确立设计主题。

二、具体内容

（1）平面布置图及人流走向图（1个）。

（2）简要思维导图（1个）。

（3）重点角度效果图（4个）。

（4）简要的设计说明（300字左右）。

（5）重点部位立面图（2个）。

（6）展台、展架、展柜等构件透视图（2～4个）。

（7）主要材料计划表（1个）。

三、任务要求

（1）立意新颖，有明确的主题。

（2）时代感强，艺术效果突出。

（3）色彩协调，造型完美。

（4）突出展品。

（5）把所有设计内容布置在电子展板上，上交电子文档、展板（600毫米×900毫米，统一竖向构图）。

本项目任务解析：拿到项目分析书之后，首先要查找相关机械表的资料，确定要展示的机械表的品牌，了解品牌的特征及该品牌的企业形象。

任务二　方案前期准备

一、了解甲方需求

具体需要了解的内容有：展示的内容，目的突出的设计理念、设计想法，主办者是谁，如政府、协会、展览公司、行业、企业、个人参展者等，主办者对项目现场的要求，参展物（什么产品），展品的数量、大小。

数字资源 2-1　观展行为与展厅设计

二、项目现场研究

要考虑现场展位的搭建，现场中建筑构件的利用，现场的采光通风情况，本展位在展场中的位置，人流的布置，人远观、近观、微观的效果。展示地点：城市、室内、室外、展览中心、广场、商业中心。

三、展品分析

分析展品的数量、规格、特色，充分了解想突出哪些内容。

四、展示手段分析

设计的重点在于如何将展示的内容、展架构件、媒体器械等硬件构成一个复合体，并将其有机地组合到完整的系统中；如何进行动线设计，布置人流走向；探究主题的体现方法、色彩的运用、展品的陈列形式。

本项目任务解析：在做设计之前，尽可能地对展品做调研，对现有展示空间做深入的调研，进行充分的分析，做好前期准备。

任务三　展示空间项目制作

营造展示设计的主题的方法有：展示空间环境的开放性、通透流动性、可塑性和有机性给人以自由，给人以亲切，让人可感、可知、可以自由进出入、参观和交流。遵守实现展品信息的经典性原则。严格落实少而精的要求。实现固有色的"交互混响"的统合色彩效果，重视对无彩色系列的运用。尽量采用新产品、新材料、新构造、新技术和新工艺。积极运用现代光电传输技术、现代屏幕映像技术、现代人工智能技术等高科技的成果。重视对软体材料的自由曲线、自由曲面的运用，追求展示环境的有机化效果。

展示空间项目设计需考虑以下几个方面。

一、仿生设计

展示空间造型形态设计要求新颖、独特，具有个性魅力，以吸引观众与消费者，仿生设计的应用为展示设计提供了更新和更广阔的思路。

1. 仿生形态设计

仿生形态设计是在对自然生物体（包括动物、植物、微生物）所具有的典型外部形态认识的基础上，寻求对展示造型形态设计的突破与创新，强调对生物外部形态特征的模仿设计。图2-1所示为仿橘子形态设计。

图2-1　仿橘子形态设计

2. 生物表面肌理与质感的仿生设计

生物体的表面肌理丰富多样，其不仅仅是一种触觉或视觉表现，更是感官、触觉深层次的生命意义，对生物表面肌理与质感感觉的设计创造，可以增强仿生造型形态的功能意义和生命力（图2-2、图2-3）。

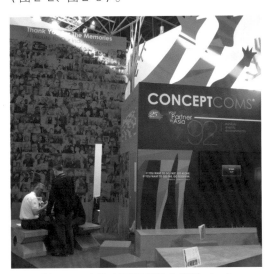

图2-2　生物表面肌理仿生设计（一）

图2-3　生物表面肌理仿生设计（二）

3. 结构仿生设计

结构仿生设计（图2-4）主要研究生物体内部结构原理由内到外的结构特征，并在此认知的基础上，结合不同展示造型设计、道具设计等进行模仿创新设计，使展示造型、结构、形态具有生命意义与自然美的特征。

4. 色彩仿生设计

大自然生物五彩缤纷，其色彩具有生命存在的特征与情感，对展示空间色彩构成来说更是自然美感的主要内容，其丰富、纷繁的色彩关系与个性特

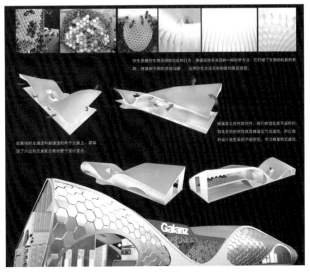

图2-4　结构仿生设计

图 2-5　色彩仿生设计

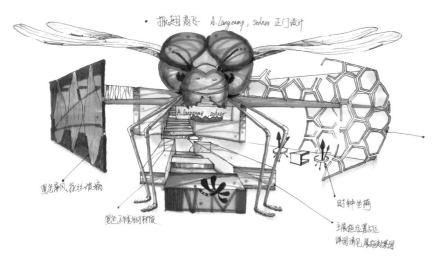

图 2-6　机械表展示设计

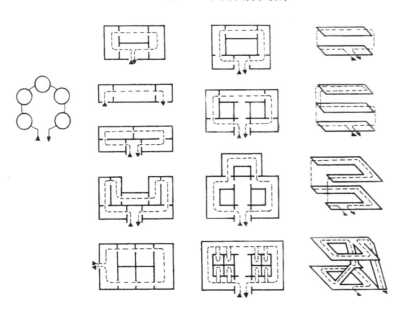

图 2-7　串联式的人流路线示意图

征，对特定展示气氛的营造具有重要意义。图 2-5 所示为色彩仿生设计。

5．仿生设计程序

仿生设计程序为：商品展示目标→寻找、认知目标生物（"形""色""肌理""结构""功能""美感" 象征意念）→外延展示商品概念（形态、功能、文化、理念）→寻找生物概念与商品概念的交叉点→综合展示目标概念结合其他学科技术生成仿生造型设计→仿生造型融合商品陈列营造出新颖、个性鲜明的展示空间。

机械表展示设计项目案例解析（图 2-6）：

此款机械表的设计以振翅高飞为设计主题，充分展现出此表的高贵精美，更表现了企业的发展力。色彩上以黑、白、灰为色彩基调，彰显霸主地位。表是时间的象征，所以在展柜设计上更加入了独特的感觉。例如沙漏形的次展厅展柜，它代表了时间流逝的同时更体现了钟表经久耐磨的特点，具有强烈的自然对比。主展厅的展柜是根据钟表上的罗马文字推导而来的，展现了时间能改变一切，更体现了钟表代表的意义，即其是我们生活中不可缺少的一部分。其营造主题运用了仿生设计手法，即用了蜻蜓的结构特征。

二、设计流线

本项目流线的设计要考虑整个展览空间的人流走向，要考虑人远观、近观和微观的效果。同时还应该考虑本展厅中人流走线的布置。

顾客通道设计得科学与否直接影响顾客的合理流动，一般来说，通道设计有以下几种形式。

1．串联式的人流路线

串联式的人流路线特点是方向单一，灵活性比较差，适合于面积不大的展馆（图 2-7、图 2-8）。

2．放射式的人流路线

放射式（图 2-9）的人流路线是从一个陈列室经由放射枢纽到其他部分的路线，参观路线比较灵活，适合于大、中型展馆。

图2-8 串联式的人流路线实景图

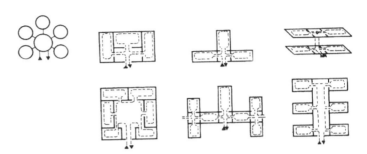

图2-9 放射式的人流路线的示意图

3. 大厅式的人流路线

大厅式的人流路线（图2-10、图2-11）利用大厅综合展出或灵活分隔小空间，布局紧凑、灵活。

图2-10 大厅式的人流路线示意图

图2-11 大厅式的人流路线实景图

4. 走道式的人流路线

走道式的人流路线（图2-12、图2-13），各陈列室之间用走道串联或并联，参观路线明确而灵活，但交通面积多，适于连续或分段连续展出。

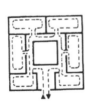

图2-12 走道式的人流路线示意图

图2-13 走道式的人流路线实景图

　　本项目案例流线解析如图 2-14 所示。本项目利用走道式的设计手法，在人流走线处理上有主人流和次人流两种设计路线，做到了动线明晰。

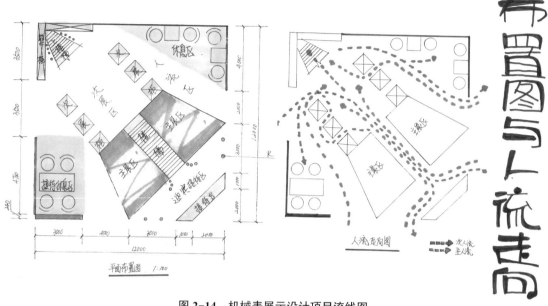

图 2-14　机械表展示设计项目流线图

三、展示空间设计

1. 竖向空间处理

（1）抑扬空间法（图 2-15），是通过将空间的顶部界面沿直线方向升降，来改变观众情绪和视觉感受的方法。其在垂直空间系统内，合理地调配高低、上下等因素而形成强烈的纵向对比，这种手法效果突出，可左右全局。

（2）叠加空间法（图 2-16、图 2-17），是沿垂直方向加层拔高的方法，这种方法不仅使展示面积扩大一倍，还能节约近 30% 的建造费用，加层一般作为会议室、洽谈室、休息室或餐厅使用，设计过程中必须保证牢固和安全。

图 2-15　抑扬空间法

图 2-16　叠加空间法（一）

图 2-17　叠加空间法（二）

2. 横向空间处理法

横向空间处理法（图2-18、图2-19）主要包括渗透空间法。渗透空间法是在空间处理中，为了营造一种特殊的展示气氛，在展品或展区的周围运用一些具穿透力的物质，表现一种渗透的感觉的方法。

图2-18　横向空间处理法（一）　　　　　图2-19　横向空间处理法（二）

3. 连系空间法

连系空间法（图2-20、图2-21）是运用过廊、花草、彩带、展板以及人的向光性等将不同空间连为一体的方法。其能够增加空间的统一性，具有明确的导向功能。

图2-20　连系空间法（一）　　　　　图2-21　连系空间法（二）

四、展示空间道具设计

1. 展架

展架是吊挂、承托展板，或拼联组成展台、展柜及其他形式的支撑骨架器械，也可以作为直接构成隔断、顶棚及其他复杂的立体造型的器械，是现代展示活动中用途很广的道具之一。其以拆装式和伸缩式的展架系列为主。展示设计空间主体由展架搭接而成（图2-22）。

图2-22　展架设计

图 2-23　展柜设计

图 2-24　展台设计（一）

图 2-25　展台设计（二）

图 2-26　展板设计（一）

图 2-27　展板设计（二）

图 2-28　展示道具设计

2. 展柜

展柜（图 2-23）是保护和突出重要展品的道具，陈设柜类通常有立柜（靠墙陈设）、中心立柜（四面玻璃的中心柜）和桌柜（书桌式的平柜，上部覆有水平或有坡度的玻璃罩）、布景箱等。

3. 展台

展台（图 2-24、图 2-25）类道具是承托展品实物、模型、沙盘和其他装饰物的用具，是突出展品的重要设施之一。大型的实物展台，除了用组合式的展架构成之外，还可以用标准化的小展台组合而成，小型的展台多为简洁的几何形体，如方柱体，平面尺寸有 20 厘米 ×20 厘米、40 厘米 ×40 厘米、60 厘米 ×60 厘米、80 厘米 ×80 厘米、100 厘米 ×100 厘米、120 厘米 ×120 厘米，或长方体、圆柱体等形体。

4. 展板

展板（图 2-26、图 2-27）是主要用以展示文图内容版面和分隔室内空间的平面道具。展示版面所用的展板，大多是与标准化的系列展架道具相配合的，也有些是按展示空间的具体尺寸而专门设计制作的，分为规范化展板和自由式展板两种形式。展板版面的设计，首先应考虑整个展示活动的性质、特点和展出的形式风格，应在总体设计思想的统一指导下进行组织策划，要研究视觉传达中点、线、面的特质及在版面中的相互组织关系与构成规律，做到与整个展出空间环境、陈列形式协调一致。

本项目案例解析如下：本项目的展示道具（图 2-28）以时间为主题，突出展品，体现了设计主题。

五、展示色彩设计

（一）展示色彩的象征功能与情感

色彩的冷暖感（图2-29、图2-30）：红色、橙色、黄色常常使人联想到旭日东升和燃烧的火焰，因此有温暖的感觉；蓝色、青色常常使人联想到大海、晴空、阴影，因此有寒冷的感觉。

图 2-29　色彩的冷暖感（一）　　　　　图 2-30　色彩的冷暖感（二）

色彩的轻重感（图2-31、图2-32）：色彩的轻重感一般由明度决定。高明度色彩具有轻感，低明度色彩具有重感；白色最轻，黑色最重。

图 2-31　色彩的轻重感（一）　　　　　图 2-32　色彩的轻重感（二）

色彩的强弱感（图2-33）：高纯度色有强感，低纯度色有弱感。

色彩的兴奋感与沉静感（图2-34、图2-35）：凡是偏红、橙的暖色系具有兴奋感，凡属蓝、青的冷色系具有沉静感。

色彩的华丽感与朴素感（图2-36）：鲜艳而明亮的色彩具有华丽感，浑浊而深暗的色彩具有朴素感。有彩色系具有华丽感，无彩色系具有朴素感。

图 2-33　色彩的强弱感

图 2-34 色彩的兴奋感与沉静感（一）

图 2-35 色彩的兴奋感与沉静感（二）

图 2-36 色彩的华丽感与朴素感

图 2-37 高明度空间（一）

图 2-38 高明度空间（二）

（二）展示色彩对比运用

展示中的色彩对比是由展品与展品、展具、装饰物以及背景的色彩差别决定的，展示色彩对比主要有同时对比、明度对比、色相对比。

1. 同时对比

同时对比是在同一时间、同一范畴、同一性质内，同时注视两种或两种以上的相互邻接的色彩而产生的对比。

2. 明度对比

明度对比（图 2-37、图 2-38）是因明度差别而形成的色彩对比。它是表现空间层次对比的主要手段。

3. 色相对比

色相环上任意两种颜色或多种颜色并置在一起时，在比较中呈现色相的差异，从而形成的对比现象，称为色相对比（图 2-39、图 2-40）。

（1）互补色对比。互补色对比指在色相环上距离 180 度左右的颜色组成的对比，如黄色和紫色（图 2-41），红色和绿色（图 2-42），蓝色和橙色，这几对是互补色，相对的两个颜色在一起会对比特别强烈，给人的视觉冲击力最强，可以选择其中一种颜色构成主调色，其所占面积最大。

图 2-39　色相对比（一）

图 2-40　色相对比（二）

图 2-41　黄色和紫色对比

图 2-42　红色和绿色对比

（2）色彩面积对比。面积对比是指两个或更多色块的色域的对比（图 2-43、图 2-44）。这是一种多与少、大与小之间的对比。通常大面积色彩设计多选用明度高、彩度低、对比弱的色彩，给人一种明快、持久和谐的舒适感，如建筑、室内天花板等；中等面积的色彩多用中等程度的对比，即邻近色组及明度中调的对比运用得较多，既能引起视觉兴趣，又没有过分的刺激；小面积色彩常用鲜色和明色以及强对比，目的是让人充分注意。

图 2-43　黄色和紫色对比

图 2-44　红色和绿色对比

（三）展示色彩构成方法

1. 色彩的易见度

为了突出展品，应加强图与底之间在色相、明度、纯度方面的对比，从图与底的对比度来看，图的面积大，易见度则大；图的面积小，易见度则小（表2-1）。

表 2-1　色彩的易见度

序号	1	2	3	4	5	6	7	8	9	10	11	12
底色	黄	白	白	白	青	白	黑	红	绿	黑	黄	红
图色	黑	绿	红	青	白	黑	黄	白	白	白	红	绿

图 2-45　展示空间突出绿色

2. 色强调

色强调是将展示中的某部分重点地强调出来，使之成为视觉的焦点（图2-45）。

3. 色彩的节奏

在展示色彩中，节奏是通过色有规律地渐变、交替或有秩序地重复色的明度、色相、纯度、冷暖、形状、位置、方向和材料等要素而得到的视觉感受。色彩的节奏运用最广泛的有以下几种。

①渐变的节奏（图2-46），将一定面积或色彩构成的商品，按一定秩序进行等差级数或等比级数的变化所构式的节奏；

②重复的节奏（图2-47）；

③动的节奏（图2-48）。

图 2-46　渐变的节奏

图 2-47　重复的节奏

图 2-48　动的节奏

4. 色彩的统调

统调是指从不同事物的复杂现象中，找出一个共同点或者基调。表现基调的方式很多，可以根据商品的内容、主题和展示要求来确定。

（1）统调为暖色（图 2-49），给人以温暖、热烈之感；统调为冷色（图 2-50），给人以清爽、凉快之感。

（2）用纯度高的色彩（图 2-51）构成焦点，可以给人以刺激性和冲击力；用纯度低的色彩（图 2-52）构成背景可以使主题更突出。

（3）可以用类似色（图 2-53）和邻近色构成调式。

（4）用多色统一画面，可以展示五彩斑斓的商品（图 2-54）；用少色统一画面，可以给人单纯、高雅之感。

数字资源 2-2 展示空间色彩的运用

图 2-49 统调为暖色

图 2-50 统调为冷色

图 2-51 纯度高的色彩

图 2-52 纯度低的色彩

图 2-53　类似色调的色彩

图 2-54　多色统一的专卖店

工程案例分析——华为 MBB（设计者吴艳）

　　2016 年 11 月 24 日华为全球移动宽带论坛在日本千叶县幕张会展中心如期举行。这次论坛作为年度全球最具影响力的 MBB 思想领导力盛会，伴随着 MBB 产业发展的热点，以及美好的"全连接世界"的畅想与实践，足迹遍布挪威、德国、加拿大、英国和中国，获得全球运营商高层和产业链伙伴的积极参与和高度称赞，并成为行业内重要思想领导力的论坛之一。

　　展示区（图 2-55）总面积 3 500 平方米，整体风格偏向日式 loft 风，不设置大型连续的墙体阻挡视线，突出主题口号及各区域名称，可以使人一目了然地了解展区的布局。

图 2-55　展示区

　　平面布局（图 2-56）分成三大区域：华为解决方案区（图 2-57）、合作伙伴区和垂直行业区。主要动线集中在主路两侧，其中华为解决方案区包含了 CloudRan 区、4.5G 展区、5G 展区。第三方伙伴包括 GSMA、GTI、剑桥大学、软银、东芝、奥迪、NEC、ABB、大疆等。展区中间灵活地设置了休息区域和茶歇区。

图 2-56　平面布局图　　　　　　　　　　　　　　图 2-57　华为解决方案区

MBB 的展览（图 2-58）没有夸张的结构造型，但增加了很多互动的展示，能使参观客户参与其中。尤其是应用 VR 技术，用一个眼镜把客户带入了一个仿真的演示环境，不仅仅告诉了客户主办方有什么产品，还介绍了产品是如何应用的，是如何解决客户问题的，使客户更清晰、更明了地了解产品。

图 2-58　MBB 的展览

展区以亮灰色和黑色（图 2-59）为主，辅以木纹材质，烘托出整个展区的层次。独立的展墙体现场景化展示的特色，突出各展区未来创新主题，展区顶部三条 0101 的线条（图 2-60），是整个区域设计的亮点，呼应移动通信的特色，又和底部的设备结合起来，体现出了主要设备在网络构架中的重要作用。

图 2-59　展区以亮灰色和黑色为主　　　　　　图 2-60　展区顶部三条 0101 的线条

4.5G 展区（图 2-61、图 2-62）以浅浅的灰色和温暖的木纹相结合，营造出舒适的空间感受，同时顶部独特的造型使这个区域更加突出。4.5G 的高清视频和虚拟驾驶很有特色，为参观者展示了很多新业务的应用。

在 5G 展区（图 2-63、图 2-64），有很多新颖的互动体验项目，其利用超高宽带和 VR 新技术，使参观者感受到 5G 时代的丰富与便捷。虚拟驾驶可以完全解放双手，借助华为设备的超高可靠性，使这一构想成为现实。

图 2-61　4.5G 展区（一）　　　　　　　　　　图 2-62　4.5G 展区（二）

图 2-63　5G 展区（一）　　　　　　　　　　　图 2-64　5G 展区（二）

　　虚拟现实技术（图 2-65、图 2-66），需佩戴 VR 头显，在此基础上，利用机械设备、大屏幕模拟某种操作环境，形成了模拟仿真效果。虚拟现实技术具有沉浸性、交互性、虚幻性、逼真性四个基本特性，使用者可获得视觉、听觉、嗅觉、触觉、运动感觉等多种感知，从而获得身临其境的感受。

图 2-65　虚拟现实技术（一）

图 2-66　虚拟现实技术（二）

　　虚拟驾驶（图 2-67、图 2-68），VR 眼镜里演示的是驾驶中的信息提醒，颠动的机械装置使体验者感觉处于真实的环境里。体验者还可以根据道路和场景的不同控制方向盘，虚拟环境能及时对人的操作予以实时的反馈。

数字资源 2-3　华为德国光优展设计方案

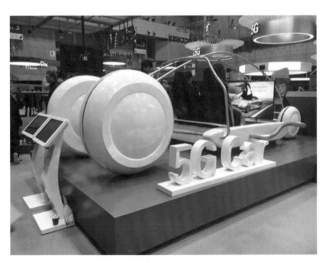

图 2-67　虚拟驾驶（一）

图 2-68　虚拟驾驶（二）

● 实训内容 ··⊙

一、实训题目

展示类公共空间室内设计——展会设计。

数字资源2-4 同心圆
展示设计

二、实训目的

（1）掌握空间尺度的概念、空间类型、空间设计手法。

（2）掌握展示空间的主题的营造方法。

（3）掌握展示空间道具设计的方法。

三、实训内容

将开间和进深均为 9.3 米，举架高 4.5 米的空间设计一展厅（如国际展览中心举行国际电子产品展，由你代表中国海尔公司完成参展任务），展览内容自定，确立明确的设计主题。

数字资源2-5 含苞待放
儿童积木玩具展厅设计

（1）平面布置图（1个）。

（2）重点角度效果图（1个）。

（3）简要的设计说明（500字左右）。

（4）重点部位立面图（2个）。

（5）展台、展架、展柜等构件透视图（4个，徒手绘制）。

四、实训要求

（1）立意新颖，有明确的主题。

数字资源2-6 展示空
间案例分析

（2）时代感强，艺术效果突出。

（3）色彩协调，造型完美。

（4）展示功能布局合理，品牌形象鲜明，空间效果独特。

项目三 | 娱乐空间设计

任务一 | 承接设计任务

一、设计主题

数字资源 3-1　承接设计任务

对商场的建筑内部空间进行设计，将商场东侧的五楼商业空间规划为量贩式 KTV，KTV 建筑面积为 3 000 平方米（图 3-1），举架高度为 3 300 毫米。要求确立明确的设计主题，区域划分合理，动线舒畅。

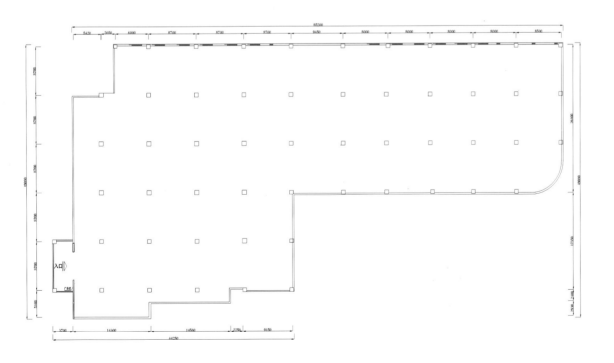

平面图

图 3-1　原始平面图

二、具体内容

（1）平面布置图及人流走向图（1个）。

（2）简要思维导图（1个）。

（3）重点角度效果图（4个）。

（4）简要的设计说明（300字左右）。

（5）重点部位立面图（6个）。

（6）大堂、包间、卫生间等立面施工图（2~4个）。

（7）主要材料计划表（1个）。

三、任务要求

（1）设计合理，立意新颖，有明确的主题。

（2）时代感强，地域文化鲜明，艺术效果突出。

（3）色彩协调，材料运用合理，造型完美。

（4）结合理念，突出展品，方案合理。

（5）把所有设计内容布置在电子展板上，上交电子文档、展板（600毫米×900毫米，统一竖向构图）。

本项目任务解析：拿到项目分析书之后，首先要查找相关的资料，了解娱乐空间（量贩式KTV）的设计理念及设计方法，了解娱乐空间（量贩式KTV）的文化特征及该商业空间品牌的企业形象。

任务二　方案前期准备

一、设计手法的灵活运用

设计追求的是创新性、独特性与良好的艺术氛围。娱乐空间组织需避免轴线式序列，界面造型需避免对称式构图。

数字资源3-2　娱乐空间设计方案前期准备

二、照明的运用

良好的布光设计可以让人精神振奋，而且能开阔思维、启迪新思想。由于娱乐空间照明要营造一种特殊的效果，所以娱乐空间灯具以圆形为最佳，取其圆满之意；灯光宜选择带暖色调的光，给人一种温馨的感觉。娱乐空间一般设置一个主灯在天花板的正中，然后设置一些辅助灯光，切记不要让灯光照亮整个空间，这样就没有光与影的变化，不能营造气氛（图3-2）。

三、材料的选择

21世纪，新型材料不断出现，这些材料的使用增添了空间的新意，其中包括各式金属材料，如不锈钢、铝板、各色金属漆等；各式工艺玻璃，如爆裂玻璃、压花玻璃、水纹玻璃、镭射玻璃等；各式幻彩涂料，如仿石漆；还有自然特性材料。这些新材料的使用使得娱乐休闲空间给人轻松惬意的感觉（图 3-3）。

图 3-2 娱乐空间光与影的变化　　　　　　图 3-3 娱乐空间新材料

四、娱乐空间方案设计

设计初始阶段的方案时，要明确本方案的设计理论。其要求是能够合理地分析空间的布局、造型、流线，能快速地表达并第一时间记录下来；并要画出相应的设计概念与解释性、结构性、效果式草图来确定重点及特殊设计的局部方案；在设计过程中要与相关人员进行沟通。

1. 了解甲方需求

甲方需求包括目的突出的设计理念、设计主题，这意味着要使甲方理解设计想法，达到预期收益目的，并且需了解面向的客户群体、不同人群的爱好及对视觉和事物的相关需求，这样才能对娱乐空间的材料运用做到有的放矢。另外，还需要详细了解材料及色彩之间的关系，掌握灯光、音响等方面的技术手段，并与甲方进行相应沟通。

2. 项目现场研究

对项目现场的研究涉及娱乐空间不同的功能要求、装饰手法、空间形式、灯光对气氛的渲染和视听的声学和美学，以及娱乐空间所要达到的气氛。对用于安全疏导的通道、安全门等都应符合相应的防灾要求。所有电器、电源、电线都应采取相应的措施保证安全。

3. 现场空间分析

对现场空间的分析包括场地的面积、合理划分空间区域，总体布局和流线分布应围绕娱乐活动的顺序展开，对相应的消防通道给予合理的布置。

4. 娱乐设备的分析

分析相关项目的设备要求，结合当代先进的技术与空间类型对相应空间进行装饰，了解相关厂家并进行对接。

5. 娱乐空间手段分析

娱乐空间的设计重点除了室内装饰方面，还应考虑灯光和音响的应用。对于相应的技术和设备手段，应多与相关厂家、企业联系。在研究如何确定相应效果的同时，要进一步研究灯光的变化和声音对材料的要求。

本项目任务解析：在做设计之前，尽可能地对娱乐空间项目进行调研，对消防方面进行合理的分析，对设备与材料的应用进行相应的配合，做好前期准备。

任务三　项目规划制作

如何确定娱乐空间设计方向呢？首先要明确娱乐空间的范围、种类，其次要把握好设计的方向、功能、风格，并加入智能化、安全性的因素，一些空间的氛围等方面也有一定的要求。

数字资源3-4　娱乐空间项目规划制作

一、娱乐空间设计范围、种类

随着时代的进步，各种各样的休闲娱乐空间层出不穷，娱乐空间主要可以分为三个方面。

图 3-4　地面与顶棚空间形态相呼应

1. 主动休闲娱乐空间

主动休闲娱乐空间包括歌舞厅、KTV、迪厅等。此类空间中参与者需要展示自我、放松自我，在声、光、电等空间环境的作用下发挥自主性、能动性，最终达到娱乐、休闲、放松的目的。主动休闲娱乐空间可采用地面与顶棚空间形态相呼应的形式，来烘托娱乐空间的气氛（图3-4）。

2. 被动休闲娱乐空间

被动休闲娱乐空间包括会所、礼堂等观演空间、按摩保健空间等。如观演文化娱乐空间主要是消费者观看文化演出等以观看为主的文化娱乐场所。这种娱乐空间一般来说面积较大，可容纳人员较多。缺点是身处此类空间的人员娱乐的自主性较弱，多为被动接受娱乐，从而带动自我情绪（图3-5）。设计中主要采用传统的施工工艺、隔音墙、吸音吊顶等。其目的是让顾客感受到家一样的感觉。

3. 互动娱乐休闲空间

互动娱乐休闲空间包括各类休闲会所、洗浴中心及健身中心等。此类娱乐休闲空间常常是某项运动或者爱好者交流互动的场所。很多俱乐部实行会员制度，通过获得会员资格的方式使更多

图 3-5　被动休闲娱乐空间

有相同爱好和兴趣的人参与到自己喜爱的活动中来，并起到交朋识友的作用。此类空间在设计中，有些还针对不同层次的人员设置了不同的级别，分别进行侧重点不同的、更人性化的、更有针对性的服务。这也更说明了此类娱乐休闲空间的经营活动要突出服务方面的主动性，使与顾客的交流能够更加深入，突出体现了经营者的服务性和消费者的主动参与性。例如图3-6所示的吧台的设计，其为了营造轻松自在的空间环境，设计者精心构思酒吧环境中的光，技术性结合艺术性，并融合光的实用功能、美学功能及精神功能于一体。

图 3-6 吧台的设计

二、娱乐形式决定空间形态和装饰手法

在娱乐空间中，装饰手法和空间形式的运用取决于娱乐的形式，总体布局和流线分布也应围绕娱乐活动的顺序展开。气氛的表达往往是娱乐空间的设计要点，娱乐空间的照明系统应提供好的照明条件并发挥其艺术效果，以渲染气氛。在有视听要求的娱乐空间内应进行相应的声学处理，而且应注意将声学和美学有机地结合起来（图3-7）。

三、确保娱乐活动安全进行

娱乐空间中的交通组织应利于安全疏导，通道、安全门等都应符合相应的防灾要求。所有电器、电源、电线都应采取相应的措施保证安全。另外，娱乐空间应进行隔音处理，防止对周边环境造成噪声污染，符合相应的隔声设计规范。

图 3-7 娱乐空间装饰手法意向图

四、用独特的风格吸引消费者

娱乐空间的装饰处理需要有独特的风格，风格独特的娱乐空间往往能让顾客有新奇感，能够引起顾客的兴趣并激发其参与欲望，独特的风格甚至能成为娱乐空间的卖点，可以带来超前的视觉震撼效果（图3-8）。

娱乐空间设计应具有良好的视听条件、良好的艺术氛围、安全的空间环境、操纵自如的活动设施、舒适惬意的家具、安全方便的空间组织，这些是营造高品质空间环境的基础。

图 3-8 风格独特的酒吧设计

任务四　项目草图制作

一、草图的特点

草图设计是现代设计比较流行的早期设计方法之一。优秀的草图设计可以对方案前期的确定和快速设计起到很重要的作用，而草图的快速表达也会加快方案设计的进度。另外，草图设计也是前期提供方案交流的快捷设计方法。

数字资源 3-5　娱乐空间项目草图制作

二、设计草图的分类流程

1. 概念草图

概念草图是设计初始阶段的设计雏形，其以线为主快速表达。概念草图多是思考性质的，多为记录设计的灵感与原始创意的，一般为对准确度要求较差的块状图（图 3-9）。

数字资源 3-6　不同娱乐空间设计的相关要求

数字资源 3-7　草图现场制作

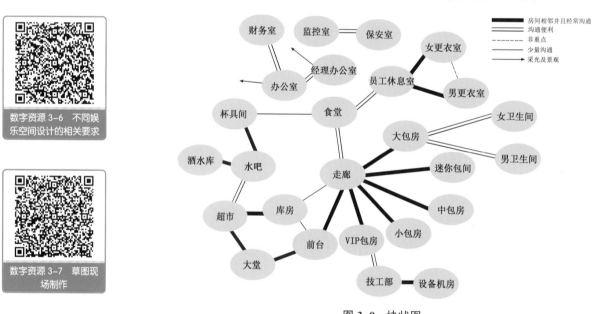

图 3-9　块状图

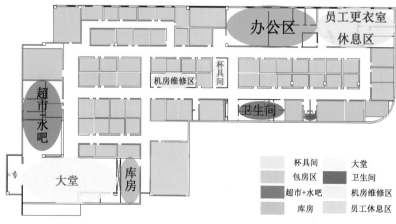

图 3-10　解释性草图

2. 解释性草图

解释性草图以说明装饰造型为宗旨。其基本以线为主，辅以简单的颜色或加强轮廓，并经常会加入一些说明性的语言。解释性草图多为演示用而非最终方案，一般为画得较清晰、大关系明确的块状图（图 3-10）。

3. 结构草图

结构草图是用透视学的方法，辅以暗影表达的设计草图，其主要目的是表明空间的特征、机构、组合方式，以利于沟通及思考（图 3-11）。

4. 效果式草图

效果式草图是在细化设计方案和设计效果时使用的，同时，应用于前期方案确定。其主要目的是表达清楚结构、材质、色彩、造型。为加强主题，其还会顾及使用环境、使用者（图3-12）。

图 3-11　手绘局部结构草图　　　　　　　　　　图 3-12　手绘局部效果图

三、草图方案的设计作用

草图设计的流程主要是在前期确定方案阶段，在设计内容上运用以点带线、以线带面的思考方法，由原始的线条组成的创意雏形逐渐转化为效果式草图。其作用是可使设计者能够对方案充分理解并合理表达，从而加快设计进度。

四、娱乐空间平面图规划设计

娱乐空间平面图设计是规划设计中一个很重要的环节，平面的功能与整体空间、经营策划是密不可分的，它是否合理在很大程度上决定了以后经营的成败。它是设计、策划、经营三者的综合体，是项目成功的保证。在娱乐空间设计中平面图纸的设计与制作变得尤为重要。娱乐空间平面图纸承载着平面分布、动线方向、消防安全、布局合理、空间功能的比例等一系列的信息。

五、不同娱乐空间设计的相关要求

1. 量贩 KTV 规划布局

量贩 KTV 平面设计讲究的是简洁大方、舒适实用，且房间应具备一定的数量，并分出大、中、小等房型供客人选择。另外，房间面积不宜过大；超市及餐区应设在营业区中间及门厅处，便于顾客发现及取餐；通道宜宽阔、笔直；洗手间也应设在 KTV 房外侧。

KTV 房伴随着娱乐业的出现而诞生，随着娱乐方式的多样化，其平面布局也在不断地更新，而且不同的娱乐模式其布局有着明显的区别。例如，夜总会 KTV 房是与佳人共乐的娱乐模式，在设计上既要照顾集体气氛，也要顾及二人世界的情调，所以布局除了大沙发区之外，中、大型房还要设置一些角落位置，放置一些与之配套的娱乐设施，如秋千、飞镖、舞池、桌球、自动麻将、电动按摩椅、茶艺器具、足球机、宽带、小型高尔夫球、操作间以及小酒吧或小沙发区，以满足客人的不同需求。而迪斯科房则刚好相反，它只需一个大的沙发区，只要坐得人多，不需其他多余的东西。夜总会的舞池应设计在远离视线的小地方，便于两人跳交谊舞；而迪斯科房的舞池（弹簧舞池）则应设在房中央最大的空位上，便于集体跳迪斯科。夜总会大房的布局需要适当高低错落，屏风造型内设置一些小区间；而迪斯科房则需要空间宽敞，既不需要高低错落，也不需要有碍视线的间隔，只需在一些高级大房设置一个小型 DJ 台，让 DJ 台直接在房内控制现场效果。若天花的高度允许，可设置一个小灯架，放置一两只电脑灯和频闪灯，挂上一对音箱，使舞池更具有气氛。量贩 KTV 房相对较为简单，除了一些特大房拥有多个小酒吧外，一般的房间都是以一个沙发区为主。一些较大的房间除了在沙发区能唱歌外，还在电视机侧面设多级地台，上面放置高椅、小电视与麦克风，让歌者面对沙发区唱歌，而且茶几设计宜大一些、高一些，方便客人用餐、放东西，点歌台、服务灯设置在客人方便使用的地方。

　　除了房间布置不同外，在以房间为主且房间数量较多的场所内还应多设计一些特色房，如生日房、三维空间的复式房、较私密的情侣房、带花园式阳台的休闲房等（图 3-13）。

图 3-13　量贩 KTV 规划布局

2. 夜总会规划布局

　　夜总会规划布局以房间为主，走廊应"曲径通幽""四通八达"，让"点"与"点"之间的路径有多种可能，令客人有走不尽、看不完，甚至有迷失方向的感觉。夜总会的房间应有各种等级区分，以满足不同消费性质、消费目的人群的需求，接待大堂应尽显尊贵气派，过长的通道应设小型休息区、景观区等，以供客人聊天及接打电话（图 3-14）。

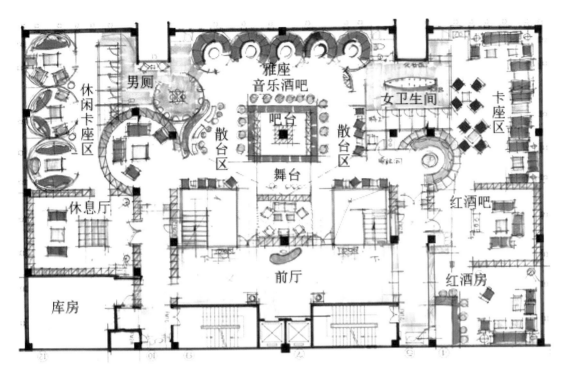

图 3-14 夜总会规划布局

3. 娱乐会所规划布局

娱乐会所以接待会员为主，而会员拥有着"非富则贵"的身份，所以娱乐会所强调私密性、安全舒适、豪华典雅等。其平面布局以房间为主，房间数量无须太多，但功能应该应有尽有，或者不同的房间有着不同的功能来满足客人的各种娱乐及商务的需求；娱乐会所的外门面及接待厅无须像夜总会那样炫目夺人，小而不失华丽是对会所的要求（图 3-15）。

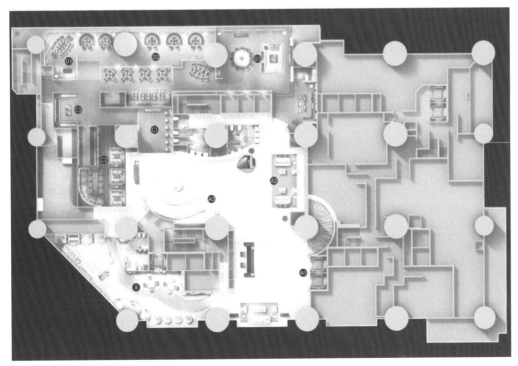

图 3-15 娱乐会所规划布局

4. 慢摇吧规划布局

在慢摇吧中，DJ 台、领舞台及舞池是全场的焦点，应安排在全场都能看到的醒目位置，为了丰富空间层次感，应设计得高低错落，使空间充实多变并提高后面位置的视点，形成全场"聚"的气氛。如果有中空二层的，还应设置部分半层座位区，一、二层能通过楼梯与高、中、低区域连接起来，达到人气连接、相互呼应的效果。如空间过高，则需应用造型或其他功能将部分空间压低，使空间既气派又整体充实而尽显人气，容易达到"闹"的氛围。场内为了凝聚人气，舞池无须太大。散台、卡座、通道等空间距离应尽量紧凑。高级场所散台不宜过多，且台面宜用圆面透光材质。在慢摇吧发展较早及文化素质较高的城市，座位设计应较为开敞，便于互动。另外，座位设计须相对独立，便于客人在大气氛下有自娱自乐的空间（图 3-16）。

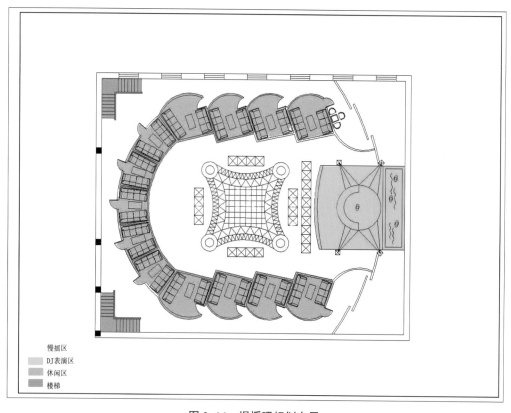

图 3-16　慢摇吧规划布局

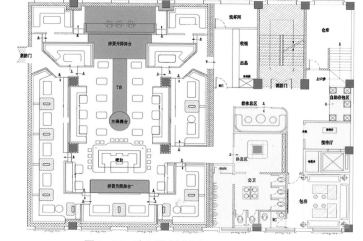

图 3-17　迪厅规划布局

5. 迪厅规划布局

迪厅的平面布局与慢摇吧相似，只是舞池相对要大一些，并变成弹簧舞池，座位空间可稍小，靠边一些（图 3-17）。

6. 表演吧规划布局

表演吧的平面面积不宜过大，因为歌手与客人的沟通要在一定范围内才能制造气氛。表演台也不应太大且应设在场中心，吧台则应设置在场的左右两侧，这样既不会与散台及卡座发生冲突，又能让观众共同观赏表演（图 3-18）。

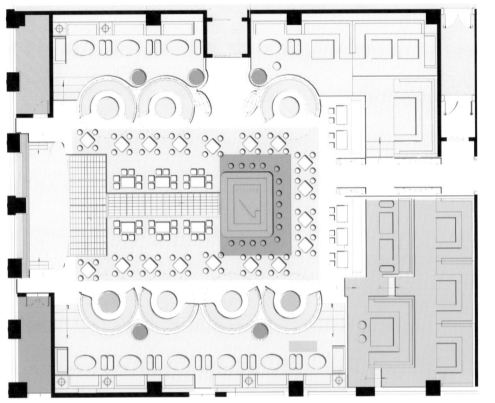

图 3-18　表演吧规划布局

VIP卡座区
● 吧台 收银台
● 化妆间
● 贵宾室
舞台
● 设备间
● 升降舞台
● 商务卡座区
散座区

7. 表演厅规划布局

由于表演出场费用较高，所以表演厅的相对面积要大些，座位也要多些。观看的座位太少，会导致收入太少，不足以支付演出的费用。由于表演厅面积大，所以平面布局应丰富多变、错落有致，以避免单调、空荡。舞台是全场注目的焦点，可适当运用电动机械及现代科技使其显得灵活多变，令观众百看不厌。现代的舞台不仅要有主表演台，还要在观众区设置副舞台，并与主舞台用表演通道相连接，让演员与观众有更多近距离的接触，共同制造气氛。舞台还可以是立体的、多角度的，如空中舞台及高架天桥，可与二层观众直接亲密接触。电动升降梯可连接一、二层舞台，以上、下纵横三维的立体舞台打破传统的表演方式，让顾客有耳目一新之感（图 3-19）。

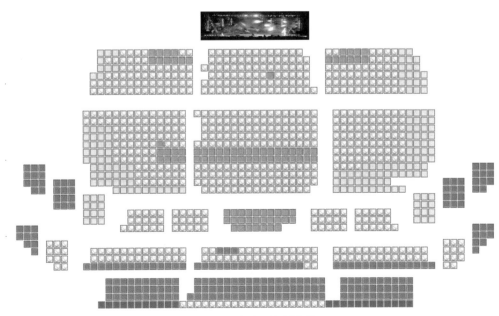

图 3-19　表演厅规划布局

任务五　项目材料选择

一、娱乐空间材料计划表

娱乐空间材料及其特点如表 3-1 所示。

表 3-1　娱乐空间材料及其特点

序号	名称	装饰位置	材料特点
1	内墙装饰材料	墙体的外部	隔音、装饰性强
2	地面装饰材料	地面外部	耐磨、装饰性强
3	顶棚装饰材料	顶部	隔音、装饰性强

二、娱乐空间的材料种类

1. 内墙装饰材料

内墙装饰材料包括内墙墙面、墙裙、踢脚线、隔断、花架等内部构造所用的装饰材料，具体有壁纸（图 3-20）、木饰面（图 3-21）、瓷砖（图 3-22）、墙布（图 3-23）、内墙涂料（图 3-24）、织物饰品（图 3-25）、塑料饰面板（图 3-26）、大理石（图 3-27）、人造石材（图 3-28）、人造板砖（图 3-29）、玻璃制品（图 3-30）、隔热吸声装饰板（图 3-31）等。

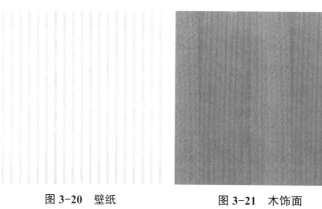

图 3-20　壁纸　　　　图 3-21　木饰面　　　　图 3-22　瓷砖

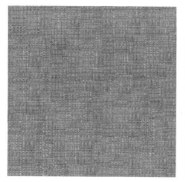

图 3-23　墙布　　　　图 3-24　内墙涂料　　　　图 3-25　织物饰品

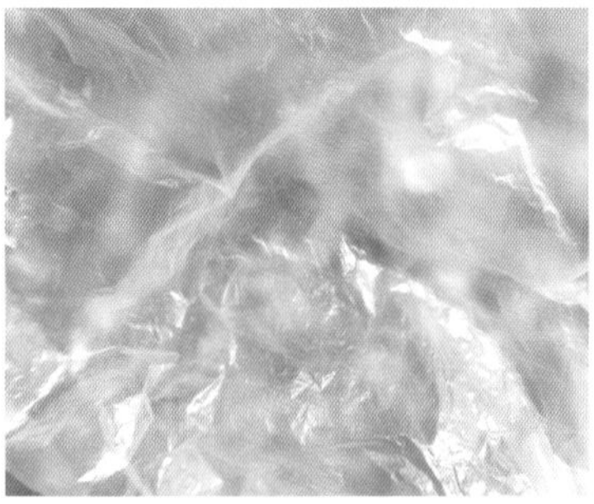

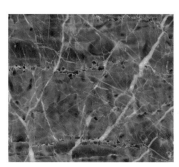

图 3-26 塑料饰面板

图 3-27 大理石

图 3-28 人造石材

图 3-29 人造板砖

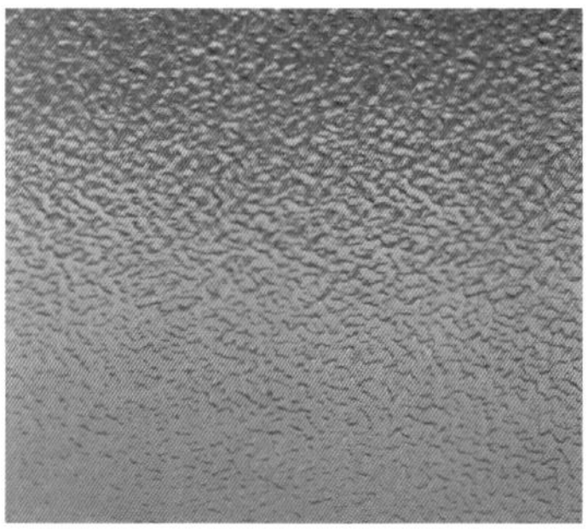

图 3-30 玻璃制品

图 3-31 隔热吸声装饰板

2. 顶棚装饰材料

顶棚装饰材料指室内及顶棚装饰材料，包括石膏板（图 3-32）、矿棉装饰吸声板（图 3-33）、铝质天花板（图 3-34）、珍珠岩装饰吸声板（图 3-35）、钙塑泡沫装饰吸声板（图 3-36）、聚苯乙烯泡沫装饰吸声板（图 3-37）、纤维板（图 3-38）、涂料（图 3-39）等。

图 3-32 石膏板

图 3-33 矿棉装饰吸声板

图 3-34 铝质天花板

图 3-35 珍珠岩装饰吸声板

图 3-36 钙塑泡沫装饰吸声板

图 3-37 聚苯乙烯泡沫装饰吸声板

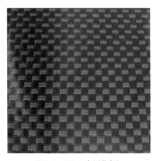

图 3-38 纤维板

图 3-39 涂料

3. 地面装饰材料

地面装饰材料指室内及地面装饰材料，包括地板（图3-40）、大理石（图3-41）、瓷砖（图3-42）、塑胶（图3-43）、地毯（图3-44）、踢脚线（图3-45）等。

图 3-40 地板

图 3-41 大理石

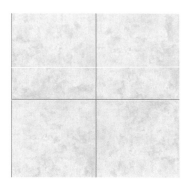

图 3-42 瓷砖

图 3-43 塑胶

图 3-44 地毯

图 3-45 踢脚线

任务六 项目施工图纸设计制作

施工图设计是工程设计的规范阶段，其处于初步设计、技术设计两个阶段之后。这一阶段主要通过图纸，把设计者的意图和全部设计结果表达出来，作为施工制作的依据，它是设计和施工工作的中间环节。工程施工图设计应形成全部专业的设计图纸，包括图纸目录、说明和必要的设备、材料表，并按照要求编制工程预算书。施工图设计文件应满足设备材料采购、非标准设备制作和施工的需要。

数字资源 3-9 项目施工图纸设计制作

一、娱乐空间设计施工图纸的分类

1. 原始平面图

原始平面图（图3-46）中的原始平面是建筑空间原来的平面，是设计师布置平面的根本依据。

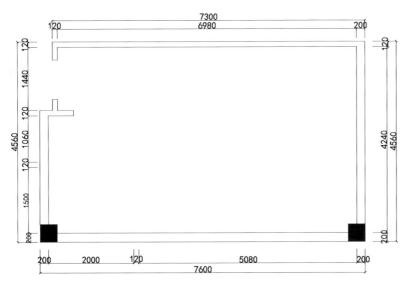

图 3-46 原始平面图

2. 平面结构拆改图

拆改分为两种：一种是指老旧空间中的拆除工程，包括拆除原来的墙地面、门窗、暖气、橱柜以及其他不合理格局和构造；另一种则是指由于新空间格局不合理，而把一些非承重墙拆除，再重新组合室内格局的工程（图3-47）。需要指出的是，严禁拆除承重墙，未经燃气管理单位批准，不能够随意拆改燃气管道和设施。

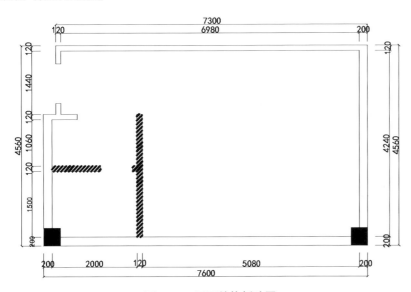

图 3-47 平面结构拆改图

3. 平面索引图

平面索引图（图3-48）是整套住宅的总的布置图，从这张图上可以清楚地看到各房间家具的布置以及各个部位地面的装饰用材。

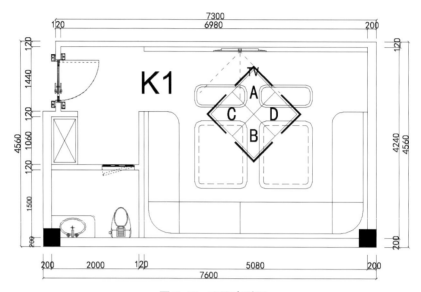

图 3-48 平面索引图

4. 地面铺装图

地面铺装图（图 3-49）也就是地平面施工图，主要表示楼地面铺贴的面层材料的形式、尺寸、颜色、规格等，另外，还包括施工材料的大小、长短、颜色，以及从哪开始施工，如何搭配等。

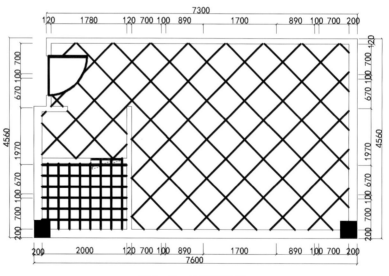

图 3-49 地面铺装图

5. 平面天花图

平面天花图（图 3-50）也就是天花施工图，主要表示天花板面层材料的形式、造型、颜色、规格等，另外还包括施工材料的大小、长短，以及从哪开始施工，如何搭配等。

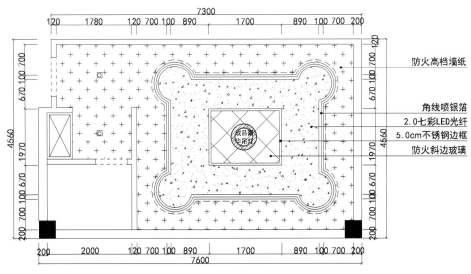

右侧标注：
防火高档墙纸
角线喷银箔
2.0七彩LED光纤
5.0cm不锈钢边框
防火斜边玻璃

图3-50 平面天花图

6. 天面尺寸图

天面尺寸图（图3-51）又名天花板施工图，主要表示天花的施工工艺、施工流程、施工尺寸。

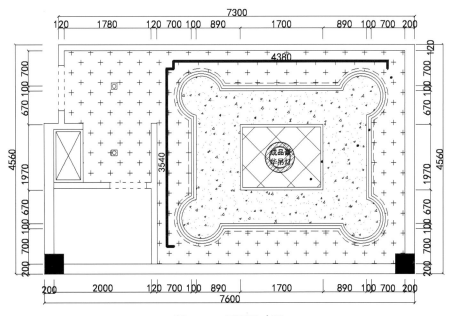

图3-51 天面尺寸图

7. 平面电路图

平面电路图（图3-52）主要是对平面电路的位置及走向进行详细介绍，并可以给施工人员提供相应电路的施工数据。

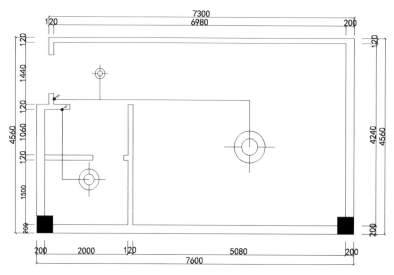

图 3-52 平面电路图

8. 开关插座布置图

开关插座布置图（图 3-53）主要是对开关插座位置的合理化分配与位置尺寸的标注。

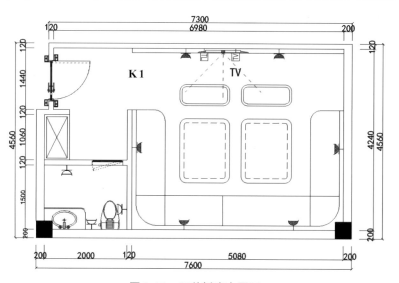

图 3-53 开关插座布置图

9. 立面图

立面包括各种娱乐空间的室内立面、立剖面。立面图（图 3-54、图 3-55）主要详细介绍立面墙体装饰所用的材料及其尺寸。

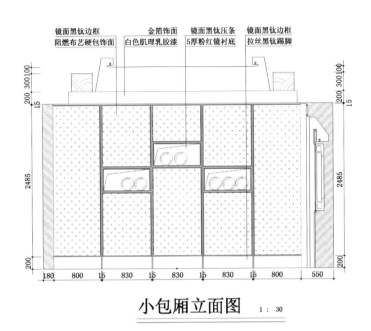

镜面黑钛边框　　　　金箔饰面　　　镜面黑钛压条　镜面黑钛边框
阻燃布艺硬包饰面　白色肌理乳胶漆　5厚粉红镜衬底　拉丝黑钛踢脚

小包厢立面图　1：30

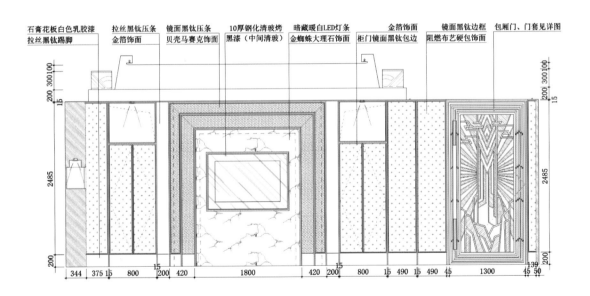

石膏花板白色乳胶漆　拉丝黑钛压条　镜面黑钛压条　10厚钢化清玻烤　暗藏暖白LED灯条　　　　金箔饰面　　镜面黑钛边框　包厢门、门套见详图
拉丝黑钛踢脚　　　金箔饰面　贝壳马赛克饰面　黑漆（中间清玻）　金蜘蛛大理石饰面　柜门镜面黑钛包边　阻燃布艺硬包饰面

大包厢立面图　1：30

图 3-54　立面图（一）

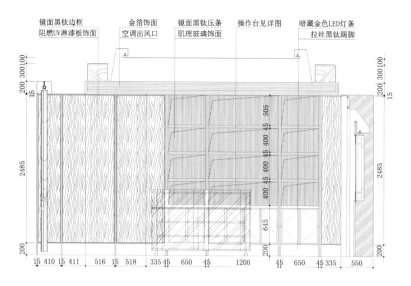

镜面黑钛边框　　　金箔饰面　　　镜面黑钛压条　　操作台见详图　　暗藏金色LED灯条
阻燃UV淋漆板饰面　空调出风口　　肌理玻璃饰面　　　　　　　　　拉丝黑钛踢脚

小包厢立面图　1∶30

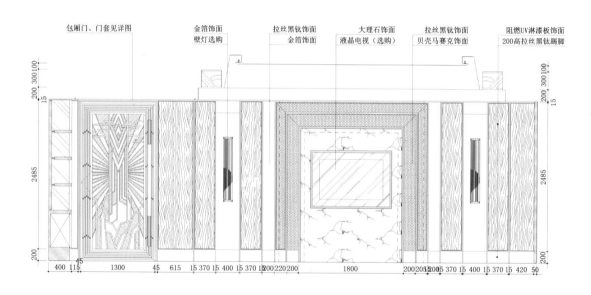

包厢门、门套见详图　　　金箔饰面　　拉丝黑钛饰面　　大理石饰面　　拉丝黑钛饰面　　阻燃UV淋漆板饰面
　　　　　　　　　　　　壁灯选购　　金箔饰面　　液晶电视（选购）　贝壳马赛克饰面　200高拉丝黑钛踢脚

大包厢立面图　1∶30

图3-55　立面图（二）

10. 局部节点图

节点是两个以上装饰面的交会点，局部节点图（图3-56）是把在整图中无法表示清楚的某一个部分单独拿出来表现其具体构造的图，也就是一种表明建筑构造细部的图。

11. 大样图

大样图（图3-57）是指将某一特定区域进行特殊性放大标注，并将其较详细地表示出来的图。某些形状特殊、开孔或连接较复杂的零件或节点，在整体图中不便表达清楚时，可移出另画大样图。"大样图"一词多用于施工现场，在对局部构件放样时使用。大样图相对节点图更为细化，可表达节点图无法表达的内容。建筑设计施工图中的局部放大图称为"详图"，如楼梯详图、卫生间详图、墙身详图等。

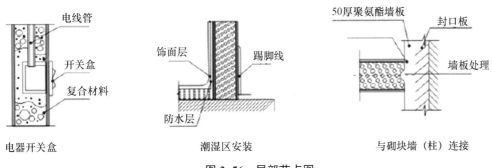

图 3-56　局部节点图

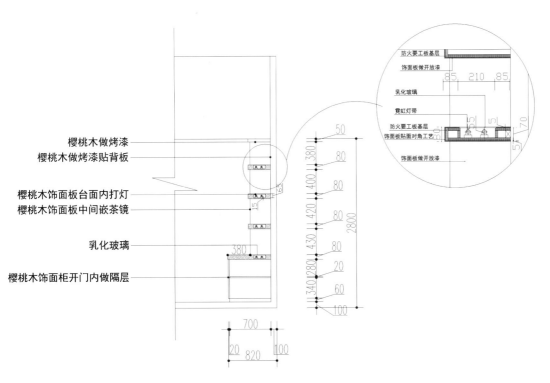

图 3-57　大样图

12. 平面图

平面图（图 3-58）是地图的一种。在室内设计中，可以用水平面代替水准面。平面图中的一个面就是平面中的一块，它用边做边界线，切不能再分成更小的块。从平面图中可以准确地看出物体及家具的摆放位置。

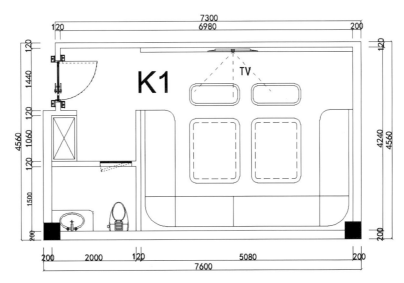

图 3-58　平面图

实训内容 ∙∙∙◉

一、实训题目

小型演艺吧设计。

二、实训目的

（1）掌握娱乐空间设计布局方法、设计流程。

（2）能够提炼具有现代意义的娱乐空间设计主题。

（3）掌握娱乐空间分隔方法与空间视觉材料、配饰表达。

三、实训内容

如图 3-59 所示，在该空间内，进行娱乐空间设计，自定义空间功能性质，要求有设计理念和明确的主题。

数字资源 3-10　企业作品"夜来香 KTV"

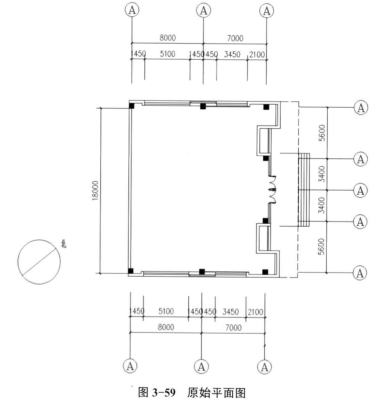

图 3-59　原始平面图

四、实训要求

（1）具有娱乐空间新理念，体现对娱乐空间功能的思考。

（2）平面规划合理，动线设置合理。

（3）视觉形象整体统一。

数字资源 3-11　学生作品"京兆尹文化度假村"

项目四 办公空间设计

任务一 承接设计任务

一、任务主题

如图 4-1 所示，在面积为 450 平方米的框架结构内设计一个设计类公司办公空间，明确特定的主题。

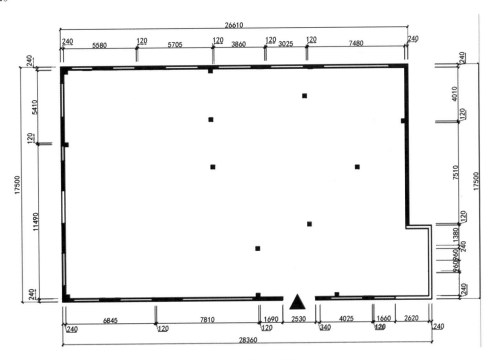

图 4-1 项目户型图

二、项目总体要求

（1）根据提供的平面方案和确定的公司类型进行设计。

（2）公司类型为设计类公司（广告设计、平面设计、服装设计、礼品设计、建筑设计）。

（3）要求保证功能空间齐全、布局合理、使用舒畅。

（4）设计具有独特性，体现公司形象和新的办公理念。

三、工作形式

进行项目设计工作，以小组（2~4人）的形式共同完成，要求团队合作，分工有序。

四、设计内容

（1）思维导图。

（2）元素提炼草图、空间草图。

（3）分析图（功能分析图、动线分析图、色彩分析图、材料分析图）。

（4）设计说明。

（5）方案图纸（平面、天花、立面、详图）。

（6）空间效果图。

（7）局部空间预算。

（8）600毫米×900毫米展板1张。

（9）设计小结。针对工作任务与团队合作过程，总结在设计过程中的收获与不足。

五、设计要求

（1）满足功能空间需求，布局合理。

（2）设计有思想性、创新性。

（3）绘制图纸要符合制图标准，标注应规范、完整。

（4）色彩搭配和谐。

（5）材料、灯光运用合理。

（6）作品的艺术效果突出。

（7）基本功能区域包括接待区、入口前台、经理室1个、10人会议室1个、接待室（容纳5~6人）1个、办公室2个、员工工作区、打印设备区域、储藏间1个，可以根据不同设计增设其他功能区。

任务二 设计准备

设计准备阶段的主要任务是进行办公空间设计调查，全面掌握各种相关数据，为正式设计做准备。

一、了解甲方总体需求

了解甲方总体设想，明确设计任务和要求，确定空间要实现的功能是什么，了解甲方要求必须实现的功能区有哪些，掌握设计规模、等级标准的情况。

　　了解甲方预计投资和项目完成期限：了解甲方对项目设计与施工的时间预期，根据该信息合理安排工作进度；了解甲方可承受的投资额度是多少。

　　了解甲方对公司形象、企业文化的设想，了解其审美倾向，并发挥设计者的想象力和说服力，影响甲方，初步确定设计内涵。

二、了解施工场地

　　调查项目所在地及周边环境，收集现场详尽照片信息，详细记录梁柱和排污等设施位置及特殊情况。初步研究采光、通风优劣条件，人流动向。

三、制订设计计划

　　制订设计的进度计划，确定设计方法与思路等。

任务三　整体项目设计

　　鼓励学生了解办公空间的历史发展过程。20世纪，工业生产的发展、技术的变革、社会观念的发展，使办公空间设计经历了数次变革。对办公空间发展脉络有一个清晰了解，能使学生正确理解办公空间设计的目的及恰当表达企业精神。让学生自制办公空间发展脉络表格，表格中需标注时间关键词、社会背景关键词、技术发展关键词、设计理念关键词、设计特点关键词等，这有助于他们更好地学习。

　　引导学生关注社会文化、企业文化、企业精神与办公空间设计的关系。企业形象、企业精神的打造不但是在宣传企业，更是在营造一种团结、创新、自由的氛围，可以激励员工积极工作。引导学生关注与思考企业精神如何转换为空间视觉。

　　强调功能的复杂与设计的科学性。设计工作是一项综合性、复杂性、创造性的社会活动，基于社会动力和个人心理，利用办公空间设计可以使工作人员达到最大限度的工作效率。引导学生研究功能布局、动线设计、空间尺度、内部色彩、细节设计等对人的影响，设计合理的功能空间，并加入贴心的设计。要求学生反复思考，多方案比较。

　　鼓励学生关注新设计理念与技术的因素。新设计理念包括更加合理的人体工程学设计、通风采光技术、噪声处理技术、节能设计等。

　　要求学生打破传统办公设计理念，放开思维，创新设计。日本建筑师丹下健三说："在现代文明社会中，所谓空间，就是人们交往的场所。因此随着交往的发展，空间也不断地向更高级、更有机化方向发展。"这就要求学生能根据物质和精神功能的双重要求，思考现代办公空间的新理念。

一、设计总要求

1. 总体要求

室内办公、公共、服务和附属设施以及各类用房之间的面积分配比例，房间的大小及数量，均应根据办公楼的使用性质、建筑规模和相应的标准来确定。

2. 具体要求

（1）办公室平面布置应根据家具、设备尺寸，办公人员使用家具、设备必要的活动空间尺寸，各工作的位置，依据功能要求的排列组合方式，以及房间出入口至工作位置、各工作位置相互间起联系作用的室内交通过道进行设计安排。

（2）根据办公楼等级标准，办公室内人员常用的面积定额为 3.5 ～ 6.5 平方米 / 人。

（3）从室内每人所需的空气容积及办公人员在室内的空间感受来考虑，办公室净高一般不低于 2.6 米，设置空调也不低于 2.4 米。

（4）从节能和有利于心理感受考虑，办公室应具有天然采光，采光系数窗间比不小于 1：6；办公室的照度标准为 100 ～ 200 勒克斯。

（5）工作空间避免日晒和眩光。

（6）设计绘图室宜采用大空间，或者灵活使用隔断、家具等进行分隔。

（7）设计绘图室，每人使用面积不应小于 6 平方米。

（8）会议室根据面积有大、中、小型会议室，小型会议室使用面积宜为 30 平方米，中型会议室使用面积宜为 60 平方米，大型会议室根据使用人数和桌椅设置情况确定使用面积，平面长宽比不宜大于 2：1，宜有扩音、放映、多媒体、投影、灯光控制等设施，并应有隔声、吸音、外窗遮光措施；大会议室所在层数、面积和安全出口的设置应符合国家现行有关防火规范的要求。

做设计不是个人意愿的随意发挥，一定要了解办公空间设计的相关规范，请同学们有这方面的意识，课下了解《办公建筑设计规范》（JGJ 67—2016）中的内容，为设计做好必要的准备。

数字资源 4-1　《办公建筑设计规范》（JGJ67—2006）

二、设计理念与设计主题

（一）设计理念

人类历史上的每一次技术革命都深刻改变着人们的生活方式，也影响着办公空间设计的理念。只有学习过去，了解现在，掌握未来，才能实现具有前瞻性和满足客户需要的办公设计。表 4-1 所示是办公空间设计发展的简单提炼，作为一个提示和纲要，重点引起学生注意技术的变革，如每次变革都有什么变化，可以发现，技术变化、理念变化、空间结构变化是一系列发生的。另外，请思考办公空间设计从一开始到现在，追求的目标变化是什么，空间格局发生了什么样的变化（图 4-2、图 4-3）。

办公空间设计一定要结合人类社会发展、技术发展、经济水平、生活形态、办公方式，在综合分析社会背景、企业组织结构、工作模式、空间形式的关联之后，从中找到关键概念。当下以及未来的办公空间设计更关注人，激发个人的创造性，重视交流、合作、低碳、智能，并有模糊工作区域、虚拟化办公的趋向等，开始设计时要带着自己的思考，提炼元素，寻找设计载体，完成概念转换。

数字资源 4-2　办公空间未来趋势

表 4-1　办公空间设计发展

时期	代表人物	设计理念	生产与管理方式	技术发展	空间特点	优缺点	时代背景
20世纪早期（1900—1950）办公	弗雷德里克·泰勒（Frederick Taylor）	"科学管理"理论	一个员工等于一个生产单元；有序的社会组织模式；集中监视管理，金字塔式公司结构	西方进入工业化生产时代；电灯的发明；钢筋混凝土技术、玻璃幕墙的发展；信息设备、电气设备的出现	大面积楼层概念	优点：科学化、标准化、秩序化、高效率。缺点：空间非人性化，缺乏对人的尊重	适应工业化社会需求
	福特汽车公司创始人亨利·福特（Henry Ford）	流水线工厂化管理	生产方式是流水线工作；管理高于个人主观意识；集中监视管理，金字塔式公司结构		厂房式办公设计		
20世纪60年代景观式办公	斯切尔兄弟小组	景观式办公思想，反思标准化管理	以信息权威体系代替了阶级权威；灵活有效的组织管理	大进深建筑空间出现；空调设备的出现	活动屏风代替固定隔墙；家具可变换排列；自由排列的大空间；景观化	优点：工作场所面积比例大；员工有更多的自由；注重员工需求。缺点：成本高，噪声大	经济繁荣，对工业化、标准化、僵硬化的管理的厌倦，渴望尊重、舒适
20世纪70年代实验室办公	IBM靠近瑞典斯德哥尔摩的总部，首先采用单元化办公	降低成本，减少噪声等，促进员工交流	金字塔式公司结构弱化；每个员工有自己的办公空间，每个单元的工作既独立又有联系	米勒的"行为办公"系列家具	弹性空间，单元空间，单元和单元相邻；单元与开放的结合	优点：个性化调节；减少干扰；空间既独立又有联系。缺点：有时空间狭窄，妨碍办公	能源危机导致了办公设计的变化，欧洲开始放弃景观式办公
20世纪80—90年代自动化、系统化、多元化办公	科技集团UTBS 1984年首先完成智能建筑	自动化理念，改变了工作方式、组织结构	公司结构扁平化；多元化办公；个性化管理	照明技术、空调技术、机械技术、家具生产技术、装饰材料	自由灵活，单一空间到多元化空间组合，更多交流空间	优点：个性化，更注重个人，注重沟通。缺点：无	计算机和网络技术彻底改变了人们的时间与空间观念，数字化、网络化改变了办公模式

图 4-2 早期办公状态

图 4-3 20 世纪 70 年代实验室办公状态

（二）设计主题

在对设计理念进行思考、对企业组织管理进行了解、对企业文化进行定位后，设计者需要联想、分析、提炼，需要有将概念转化为三维空间的能力，需要寻找表达的形态、空间组织关系，持续锁定主题，展开艺术性、设计性发挥（图 4-4、图 4-5）。

数字资源 4-3 办公空间绿色设计

设计思路：
运用简单的块状分析，合理地将300平方米的区域分割。

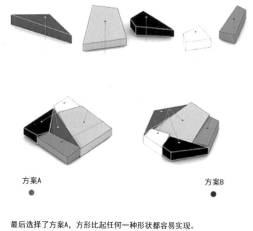

方案A   方案B

最后选择了方案A，方形比起任何一种形状都容易实现。

图 4-4 办公空间设计思路——块状分析

图 4-5 办公空间概念转化效果

1. 传统文化主题

以中式风格设计的办公室，其目的是突出公司的文化内涵和品质，彰显文化格调。设计师及企业想表达一种精神内涵，如禅意、宁静、沉稳、自然、文化感，而这也是设计的灵魂。传统文化主题可以彰显公司的独特性，同时让工作者也能在这样的空间中具有不同的品质和特点（图4-6、图4-7）。

　　深圳HCD柏年设计的办公空间（图4-8、图4-9）具有极简风格，线条贯穿空间，并融入禅意元素，以黑色、白色、灰色作为空间的主色调，打造出了有文化内涵的空间。

图4-6　新中式办公空间——工作区

图4-7　新中式办公空间——接待台

图4-8　深圳HCD柏年设计的办公室

图4-9　深圳HCD柏年设计的会议室

2. 低碳绿色设计主题

　　21世纪的共同话语是绿色环保，世界范围内的"生态城市""低碳社区""绿色办公建筑"潮流正在兴起并处于实际探索阶段，办公空间设计更应该走与自然环境和谐发展的道路，在关注人的生理和视觉审美需求的同时，更应该关注人类工作空间的低碳环保、生态节能。办公空间设计应尽量引入自然光和自然风，尽量在办公空间内实现节能设计，通过一切技术手段减少办公空间对自然资源和能源的消耗，从而减少对自然的伤害，体现可持续发展的原则等（图4-10、图4-11）。

　　日本保圣那集团大楼的室内外种植了大量花卉和果蔬，用来调节大楼内的室温，减少二氧化碳排放，从而造就了绿色办公环境；会议桌旁环绕着番茄，前台附近有花椰菜、柠檬树做隔断，豆芽长在长椅下，各种蔬菜水果营造出一片生机勃勃的办公空间（图4-12~图4-15）。

图 4-10　墨尔本 VicSuper 办公空间——走廊

图 4-11　谷歌办公空间

图 4-12　日本保圣那集团的隔断设计

图 4-13　日本保圣那集团的前台

3. 体验式设计主题

越来越多的办公空间设计开始关注更多的因素，如人的精神因素、环境对人的影响，从而创造出打破常规概念的办公空间，这些空间以共享、自由、放松、交流等为诉求点。例如谷歌，其办公设计理念通常自由灵活，贯穿多个主题。谷歌都柏林办公园区每个楼层一个主题，设计理念为营造平衡、健康的工作环境，尽可能多地促进员工间的互动和沟通（图 4-16、图 4-17）。研究证实，这种看似松散的办公氛围所促进的互动和沟通事实上对于创新精神和创造力来说至关重要。

新建的"Google Docks"作为园区最主要的建筑，每个楼层都代表着谷歌独特的企业属性和价值观。

匈牙利首都布达佩斯的谷歌办公室

图 4-14　日本保圣那集团大楼外墙

图 4-15　日本保圣那集团办公区

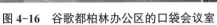

图 4-16　谷歌都柏林办公区的口袋会议室　　　　图 4-17　谷歌都柏林办公区森林主题楼层

（图 4-18、图 4-19）根据当地的特点以温泉和水球为概念，展示出运动和商业的精神，设计出具有桑拿浴室风格和蒸汽浴室风格、水球馆风格、室外沙滩风格的办公讨论区。

图 4-18　谷歌蒸汽浴室风格办公讨论区　　　　图 4-19　谷歌水球馆风格办公讨论区

4. 案例解析

（1）脑·域概念办公空间设计项目。该项目整体结构以大脑为原型，建筑形态来源于大脑外观，并使之抽象化，兼顾了实用性与艺术性。工作区的形态来源于神经元，并设计成一个概念书架，进行了概念化处理。该设计的整体色调为白色，体现出简约、纯净、现代感。该空间设有办公区、娱乐休闲区，使人们在紧张工作时能够适当得到放松，充分体现出本设计的人文精神。该设计中正式关注了工作与人，从人的精神因素、环境对人的影响以及健康的工作环境这样的设计角度与主题进行创意（图 4-20、图 4-21）。

图 4-20　脑·域概念办公空间设计　　　　图 4-21　脑·域概念办公空间接待台

（2）装修公司办公空间设计项目。本设计以"轴"为主题，"轴"字在古代译为地位，现代数学中用它作为确定各点位置的标准。设计风格虽然千变万化，但都要围绕着人，以激发人的创造能力为目的。设计宗旨是"以人为本"，重视人的感受，将现代与传统相结合，营造活泼、舒适的办公空间（图4-22）。

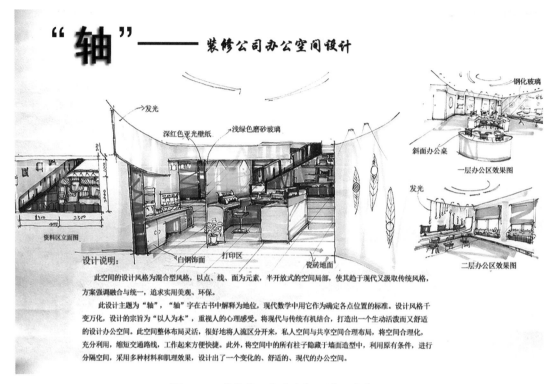

图 4-22　装修公司办公空间设计手绘草图

数字资源 4-4　办公空间设计分类与原则

三、功能空间构成

1. 主要办公空间

主要办公空间（图4-23、图4-24）室内的平面布局形式取决于其本身的使用特点、管理体制、结构形式等，包括员工工作区、行政区、会议区。此外，绘图室、主管室或经理室也属于专业或专用性质的办公用房。

图 4-23　员工办公区（一）

图 4-24　员工办公区（二）

小单间办公室：面积一般在 40 平方米以内，空间相对封闭，干扰少，不足的是对外联系较差，同时受面积影响，办公设施比较简单。

中型办公室：面积一般在 40 ~ 150 平方米，适用于组团型办公方式。

大型办公空间：其内部空间既有独立性又有密切联系，布局多呈几何形式整齐排列。其使用面积的使用率有所提高，同时也便于相互联系，不足的是室内相对嘈杂、混乱，相互干扰大。

2. 公共接待空间

公共接待空间主要指前台、接待区（室）、会议室、展厅等空间，是公司的第一形象，一般有小、中、大接待室、会客室、会议室，各类展厅和资料阅览室，多功能厅和报告厅。公共接待与展示等空间除了本身的直接功能外，还担负着展示公司文化形象的功能，是宣传公司及公司形象的空间，对内具有增强企业凝聚力的作用。其位置不应与工作流线交叉，应位于便于外部参观的动线上（图 4-25、图 4-26）。

3. 交通联系空间

交通联系空间一般有水平交通联系空间和垂直交通联系空间两种。水平交通联系空间主要指门厅、大堂、走廊、电梯厅等。垂直交通联系空间主要指电梯、楼梯、自动梯等（图 4-27、图 4-28）。

4. 配套服务空间

配套服务空间是为办公楼提供资料、信息的收集、编制、交流、储存等服务的用房，如资料室、档案室、文印室、电脑室、晒图室等。

5. 附属设施空间

保证办公楼正常运行的附属空间通常有变配电室、中央控制室、空调机房、电话交换房、锅炉房等。

图 4-25　非正式会议区

图 4-26　会议区

图 4-27　办公楼内楼梯

图 4-28　办公空间内走廊

四、平面组合形式

（一）办公空间类型

1. 单间型

单间型的优点是各独立空间相互干扰较小，灯光、空调等系统可独立控制，在某些情况下可节省能源。隔间材料的不同，方便了领导和各部门间相互监督与协作。缺点则是其在工作人员较多和分隔多的时候占用空间较大，装修后室内设施不易拆搬。政府机构的办公空间多为单间型布局（图4-29）。

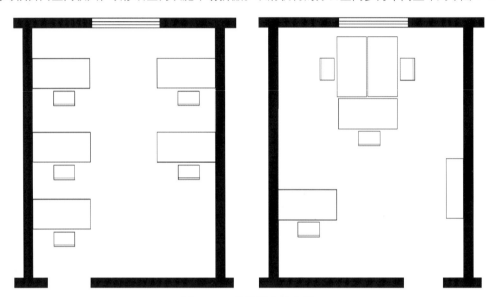

图 4-29　单间型办公空间

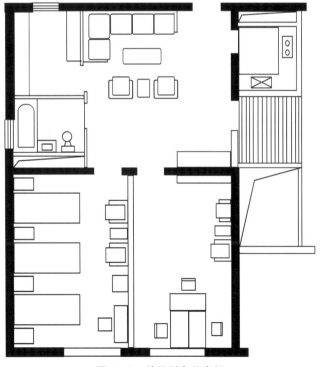

图 4-30　单元型办公空间

2. 单元型

单元型具有相对独立的办公功能，一般包括接待、会客、办公等区域，也可以根据面积大小和使用需要增设会议室、卫生间等用房（图4-30）。

3. 公寓型

公寓型的主要特点是办公用房同时具有类似住宅、公寓的就寝、用餐等使用功能。其不仅拥有接待室、会客室、办公室、会议室、卫生间等，还有卧室、厨房等空间（图4-31、图4-32）。

4. 开敞式

开敞式将若干个部门置于一个大空间中，每个工作台用矮隔断分隔，便于联系并可以相互监督，省去隔墙和通道，节省空间，降低装修费用。缺点是部门之间干扰大，风格变化小，空调照明等资源浪费严重。开敞式多用于大银行和证券交易所等有许多人的大型办公空间（图4-33、图4-34）。

图 4-31　餐饮区

图 4-32　办公区

图 4-33　开敞式办公空间（一）

图 4-34　开敞式办公空间（二）

5. 景观式

景观式是在空间布局上创造出的一种非理性的、自然而然的，具有宽容、自在心态的空间形式，其具有人性化的空间环境，通常采用不规则的桌子，室内色彩以和谐、淡雅为主，用植物、橱柜等进行空间分割。景观式办公空间比较轻松，有利于发挥职员的积极性和创造性（图 4-35、图 4-36）。

图 4-35　景观式办公空间

图 4-36　景观式办公空间剖面图

每一种办公空间的平面组合形式都有自己的优点与不足，设计师应根据办公空间的使用性质、组织关系、工作流程、设计理念，灵活、创新地应用。时代在不断进步，科技的发展深刻影响着我们的生活与工作方式，新的理念的发展会影响工作状态、工作流程，影响设计效果，会有不同的空间感受甚至影响工作效率，如集合式、无界限式、多功能式办公空间，以及时下流行的共享式办公空间（图4-37、图4-38）、联合式办公空间、绿色生态式办公空间等，设计师应该根据时代的变化，关注新的理念，结合企业特点，以人为本多角度创新办公空间。

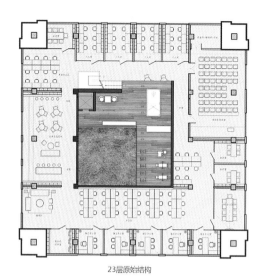

23层原始结构

图 4-37　共享式办公空间平面分析

（二）项目案例

1. 空间布局分析

以脑·域概念办公空间设计项目为例，本项目在空间布局上由入口向内，从接待区到办公区，空间布局合理，办公区分为封闭会议室、经理室和开放式工作区，内部以环形流线为主，有工作区、休闲区（图4-39）。

2. 平面分析

首先通过气泡图的图解方式分析各功能空间的关系，然后通过平面方案草图分析一层与二层的空间布局，一层主要是前台、接待区、休闲区等，二层主要是会议室、单间式工作区。空间与动线设计分明（图4-40）。

图 4-38　共享式办公空间活动室

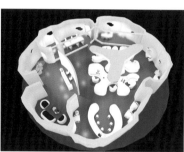

图 4-39　空间布局分析

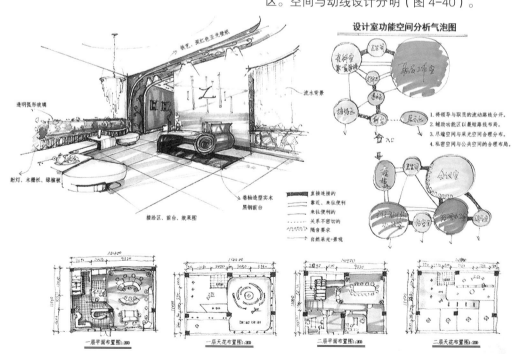

图 4-40　平面分析草图

五、界面设计

空间一般由底界面、侧界面、顶界面围合而成，这里直接称之为地面、墙面（隔断）和天花。办公空间界面装饰设计应注意风格统一、与室内气氛相一致、避免过分装饰。办公空间各界面设计要尽量使用耐用的材料，同时要考虑使用年限，并注意耐燃及防火性能。要尽量使用不燃或难燃性材料，避免使用燃烧时释放大量浓烟和有害气体的材料，且需保证无毒或散发气体及触摸时的有害物质低于核定剂量；要易于制作、安装，便于更新；具有必要的隔热保温和隔声吸音性能；要满足装饰及美观要求以及相应的经济要求。

（一）办公空间界面装饰设计要素

从技术性、安全性、实用性等方面来看，办公空间的材料必须注意防火、防滑、抗磨、隔音、易清洗、经济性等问题，而从艺术设计的角度看，办公空间界面设计的要素可归纳为形状、质感、图形、色彩等。

1. 形状

在几大设计要素中，色彩、形状会首先给人留下视觉印象，因此重复出现的相同形状，应用在界面中会起到事半功倍的效果，其可以区分界面、丰富界面，形成整体的印象。如图 4-41 所示，天花采用重复的六边形的面灯，不仅对应了会议桌，起到区分空间的作用，同时也丰富了空间层次，突出了主题，使得会议区域成为空间的领导者。如图 4-42 所示，谷歌特拉维夫办公楼的会议区的顶界面采用了重复排列的圆形，避免了大面积平面顶的单调，活泼了空间气氛。

2. 质感

材质有肌理、质感、色彩等属性，材料的质感有柔软、坚硬、粗糙、光滑等，有的设计师专注于材料的运用，用材料的质感表达空间的场感、厚重、轻巧等，巧妙运用材料质感可以体现出独特的设计想法。每种材料都会给人不同的心理感受，木材、竹材给人亲切、温和、放松的感觉；金属的光亮表面给人以现代感，具有高效、现代、发展的意义；坚硬的大理石等抛光石材给人严肃、权威、沉稳的印象。设计者应合理运用材料，发挥材料的特性。

数字资源 4-5　办公空间装饰设计构成要素

数字资源 4-6　办公空间分割形式

图 4-41　形状在顶界面中的应用

图 4-42　谷歌特拉维夫办公楼的会议区

如图 4-43 所示，前台背景墙使用大面积的木材，并从天花伸出延续到内部空间，达到了空间连接、空间指向的功能，同时大面积的暖性木材与地面、接待台偏冷的、粗糙的灰色混凝土材质形成对比，更凸显两种材质各自的特征。空间材料使用简洁，具有整体感，同时又能达到较好的效果。如图 4-44 所示，谷歌都柏林办公楼的科技馆头脑风暴会议空间右面粗犷的石材，可以让人感受那份豪放，使人不拘谨，能够放开思路、发挥想象。

图 4-43　木材在顶界面中的应用　　　　图 4-44　谷歌都柏林办公楼的科技馆头脑风暴会议空间

3. 图形

在办公环境的设计中，图形与色彩是强大而有力的表现手法，创意图形的巧妙运用往往起到四两拨千斤的惊艳效果。采用插画、文字、图形的扁平化处理，可以在简约的设计语言中，体现出个性化空间魅力。色彩与图形设计能产生最直接的视觉冲击和理念传达，形成独具特色的创意空间，也可以降低造价（图 4-45、图 4-46）。

图 4-45　俄联邦储蓄银行 Sberbank 莫斯科办公空间设计　　　图 4-46　美国戴维斯建筑师事务所办公空间设计

4. 色彩

有目的地运用色彩展现空间寓意，可以让使用者接受色彩传达的信息。色彩能够营造舒适宜人的办公空间，表达企业文化和形象，活跃气氛，减轻疲劳。加拿大蒙特利尔订阅娱乐服务公司用不同的色彩区分整个办公空间；GSN 游戏公司运用明亮、活泼的色彩搭配，让空间有了生机（图 4-47、图 4-48）。

数字资源 4-7　办公空间的色彩运用

数字资源 4-8　办公空间界面装饰设计

图 4-47　色彩划分空间

图 4-48　GSN 游戏公司办公空间

（二）地面

关于地面的设计，多数是整体水平面，可以通过创造局部的地面高差的方法，如上抬、下沉局部地面，丰富空间层次，并达到区分空间的效果。

1. 上抬

抬高室内局部地面最直接的作用就是划分功能区域，丰富空间层次（图 4-49、图 4-50）。

图 4-49　深圳点维公司室内设计

图 4-50　上抬空间的应用

2. 下沉

下沉室内局部地面，形成凹陷空间，可以丰富空间层次，明确空间区域。例如，图 4-51、图 4-52 所示的某纺织公司的牛仔研发工作室的设计方式是空间混合，激发多样互动。工作空间的设计理念旨在建立研发人员与产品配件、材料之间的紧密联系，将观察、坐、走、工作、评估产品等工作行为与空间紧密地整合，以曲线划分出不同高差的台地与围合区域，建立拥有层次却没有行为限制的平台空间。在这个空间中，摆放物品的地面可以用来坐，也可以用来站。空间中的常规家具消失，方便了走动、会议、评估产品等行为，从而产生多样化的互动和空间相互作用的可能性。

图 4-51　牛仔研发工作室的下沉空间

图 4-52　牛仔研发工作室中常规家具消失

3. 使用不同材质

大面积的地面使用不同材质，既能区分功能空间，又能丰富空间层次。这是划分空间最常用也是最好用的方法（图 4-53）。

图 4-53 不同的地面材质

（三）墙面（隔断）

室内墙面与人的视线垂直而处于最明显的位置，内容与形式更加复杂，对室内装饰效果有决定性的影响。墙面的相交、穿插、转折、弯曲都能形成不同的空间效果，墙面与隔断的开敞与封闭也会形成不同的空间效果。例如，T2 公司总部办公空间中一面黑色的金属墙面直线延伸进来，显得很有力量感（图 4-54）。阿姆斯特丹 Tribal DDB 数字机构广告办事处的墙面从天花板延伸到桌面，墙面材料很独特，多数使用吸音的毛毡（图 4-55）。开放和灵活的空间加之办公桌具有创新互动性，形成了有趣、专业、认真的空间特点。加拿大某科技公司折线的墙面，给人现代、前沿、果断、创新的印象（图 4-56）。设计师运用解构主义的折线、多面体和对比强烈的色彩，设计了一个充满象征意味的、变幻莫测的工作空间。

隔面墙通常根据不同情况可以选择固定式和活动式隔断。活动式隔断因具有灵活性、可变化性而越来越被设计师喜爱，如可移动的软帘、重复排列的植物、折叠门等（图 4-57~ 图 4-59）。

图 4-54 T2 公司总部办公空间直线墙

图 4-55 墙面与桌面连接，墙面运用毛毡材料

图 4-56　加拿大某科技公司的多面体墙面

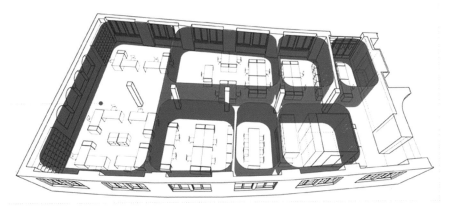

图 4-57　软帘隔断的空间轴侧图

图 4-58　软帘分隔的办公空间　　　　图 4-59　软帘分隔的工作区

（四）顶棚

建筑室内顶棚设计主要以悬吊式顶棚为主，其外观形式主要有平整式、悬吊式、分层式、井格式、异形吊顶等（图 4-60~图 4-63）。

图 4-60　异形吊顶　　　　　　　图 4-61　井格式吊顶

图 4-62 裸露结构吊顶

图 4-63 悬挂吊顶

● 实训内容 ··· ◎

一、实训题目

Loft 现代办公空间设计。

二、实训目的

（1）掌握办公空间设计布局方法、家具布置类型。

（2）能够提炼具有现代意义的办公空间设计主题。

（3）掌握办公空间分隔方法与空间视觉表达。

三、实训内容

在一个宽 4.8 米、长 9 米、举架高 5.2 米的空间内设计 Loft 办公空间。空间需要自行分隔两层。自定义办公空间功能性质，要求有设计理念和明确的主题。

四、实训要求

（1）具有办公空间新理念，体现对办公状态的思考。

（2）平面规划合理，动线设置合理。

（3）视觉形象整体统一。

数字资源 4-9 实力
设计师讲堂

项目五 | 专卖店空间设计

任务一 承接项目设计任务

一、项目任务

在一个宽 8 米，长 12 米，举架高为 3.5 米的空间中设计某商品的专卖店，项目地址在大连商圈，商品类型、店面品牌、设计主题自定。

二、任务描述

由于商品类型多种多样，专卖店具体内容不局限于某一品牌或某一商品，选题是开放的。引导学生选择自己感兴趣的品牌，自定主题，留给学生发挥空间，鼓励学生的创作热情。要求学生设计时考虑营销目的，考虑阶段性更换的便利性、空间氛围的个性等因素。鼓励学生在空间形态方面做大胆的探索。强化学生语言表达能力、解决问题的能力。

三、设计内容

（1）设计说明。

（2）平面图。

（3）天花图（功能分析图、人流分析图、色彩分析图、材料分析图）。

（4）侧立面图。

（5）透视效果图（平面、天花、立面、详图）。

（6）预算表 1 份。

成果整理成 600 毫米 ×900 毫米的展板 1 张，PPT 演示文件一份，包括封面、目录、说明、品牌（商品）分析、设计主题、分析图、草图、效果图等内容。

四、设计要求

（1）设计主题新颖。

（2）流线设计具有便利性、科学性、引导性。

（3）视觉效果突出，达到商业营销效果。

（4）色彩搭配合理，材料运用巧妙。

（5）照明设计合理。

五、作业要求

（1）设计语言恰当。

（2）图纸完整规范。

（3）空间视觉效果突出。

（4）设计过程清晰、系统。

设计任务成果部分，需要学生做出视觉效果良好的展板及高水平的PPT演示文稿，并对品牌内涵及发展、项目地址、设计主题、设计概念等详细说明，从而锻炼学生的文本编辑能力。学生可以发挥想象来创造感性或者理性的文化及视觉意象，来帮助自己整合概念。利用文化、概念、图形的分析锻炼学生的抽象与形象思维，激发学生对设计主题的探索。学会利用互联网收集信息分析营销策略的思维方法。

设计训练既可以锻炼学生的专业技能，还可以让学生了解设计是整合的过程，是一个发展的、磨合的过程。另外，对学生成果部分的要求，目的是让学生形成严谨的态度与总结的习惯，锻炼学生的语言表达能力。

任务二　前期资料收集与分析

一、主要任务

此阶段的主要任务是进行专卖店的设计调查，通过任务书、网络资源、书籍等途径收集资料，广泛查阅同类案例，为专卖店设计做准备。

（1）了解任务书要求。仔细阅读任务书要求，全面了解设计要求，明确设计重点。

（2）了解设计规范。查阅专卖店设计有哪些设计规范、防火标准和照明应用标准，这对设计是非常重要的，也是非常有帮助的。

（3）首先对品牌进行调研和评估，了解商品类型、特点；了解品牌发展过程；调查同类商品专卖店的设计风格，对地域特点进行分析。最后分析比较，分析概念，寻找差异化。

（4）了解施工场地。调查项目所在地及周边环境，收集现场照片信息，掌握采光、通风优劣条件，整体把握空间结构。

（5）制订设计计划。初步理顺设计任务与目标，制订设计的进度计划，确定设计方法与思路等。

二、相关规范

（1）商店建筑内部分三部分：营业部分设直接面向顾客销售商品的有关用房；仓储部分为使营业供货源源不断而设商品储存和作业有关用房；辅助部分设管理、生活后勤和建筑设备各种用房。

后两部分一般不允许顾客进入。即使是小商店，也少不了这三种分隔。因此，设计应主要解决好内外交通组织，人流、货流避免交叉，并应有防火、安全分区。

（2）商店建筑外部的大型招牌和广告悬出物对其下部的行人和货运有一定的影响。调查发现，许多招牌和广告不仅对建筑自身而且对相邻建筑的日照、采光、通风等均有影响，并严重破坏建筑的外立面。

（3）顾客休息面积按营业厅面积的 1%～1.4% 设计，假如营业厅面积为 600 平方米时，可设6～8 平方米休息点，可设置于某一柱跨的通道旁；当营业厅面积为 3 500 平方米时，可于大厅一隅或近旁设 35～50 平方米休息室或场地，这样对顾客与商店都有利。

作为一名设计师应该有设计方面的相关法律意识，了解最基本要求，这对自己和客户都是有非常重要的帮助的。因此需要了解商业性专卖店设计的相关规范，例如可以参考和查阅《商店建筑设计规范》（JGJ 48—2014）。另外，很多品牌都有自己的一套完整的设计规范手册，因此要对所设计品牌的发展、内部制定的设计与管理规范有相应的了解，才能够让设计定位更加准确。

三、重要工作

对专卖店的品牌特点、市场定位、针对人群的分析是专卖店设计的重要前期工作，对后期的主题确定、空间设计都具有重要铺垫作用。选定品牌后要对品牌进行深入细致的分析，主要包括以下方面。

（1）品牌：品牌发展阶段、品牌理念、市场定位、营销策略、核心价值、现有专卖店情况。
（2）产品：产品类型、风格、设计原则、主要产品、附属产品、加工工艺等。
（3）消费群体、消费心理等。
（4）地域：地理位置、经济水平、交通情况、地域特色等。
（5）商业分析：同类产品专卖店设计风格、经营情况。

任务三　确定设计主题

专卖店设计主要指专卖商店的形象设计。专卖店不仅是经营、购物的场所，更是城市文化的生活写照；是人们公共交往的空间，也是汇集商品，体现竞争的场所。专卖店设计的目的不再局限于销售，而是让人体会和接受品牌文化；其以消费者为先导，更注重体验，这是区别于其他室内设计的重要方面。

专卖店主题，指的是任何一个专卖店的装修都有一个核心，这是店面设计的灵魂，所有的设计都要围绕这个主题展开，一个良好的设计要具有概念明确的主题。

一、分析品牌，建立空间"场"感

主题概念的提出必须建立在对品牌的分析和理解上，即以品牌和产品性质来思考主题。专卖店不仅是企业展示产品和销售产品的场所，还是企业形象传播的窗口、品牌形象塑造的途径。分析品牌之后应该有一个构思基础，设计主题围绕这一构思基础，或利用仿生、夸张、放大、情境化等手法，或者单纯使用材料表达与众不同。随着人们审美水平提高，专卖店设计不再只是满足于简单的展示，而是从消费者的消费心理考虑，让消费者购物的同时也能有丰富多彩的体验。努力打造差异化是为了达到吸引顾客的目的。当下以及未来的专卖店对于消费者，不只是购物场所，更是一种消费体验，一种精神消费。

从消费者行为来看，从被吸引进店—选择、移动—购买、离店这一过程来看，首先需要吸引消费者进店，因此，空间视觉独特、个性是第一吸引因素。要利用主题贯穿设计。主题代表着某种概念，这种概念是围绕品牌特点展开的发挥性设计，要关注时下流行或是能打动消费者心理，使其产生共鸣的概念，故事性比单纯的营销更具有生命力。有了故事性，有了主题，设计形象、设计传达就更加完整，在概念、故事的贯穿下形成独特的空间"场"感，消费者对其印象更深刻、整体。

安奈儿的品牌理念是追求优质的面料与舒适的体验。设计师将原始、粗糙、朴素的原始材料与儿童需要呵护的柔软、舒适特性进行对比，凸显儿童服装产品的特点。水泥原生态材质带来原生、质朴、粗糙的感受，儿童服饰的用料极尽柔软、温暖、舒适之可能，衬托出产品的细腻质感，也表达了儿童需要呵护的理念。在幼儿服装区，纯白亚麻布包裹概念体现出幼童的纯洁、材料的自然等特性，引申出安奈儿品牌对幼童的呵护之意。安奈儿将原生态这一概念融入设计的每一个环节、每一个细部甚至销售的流程中，体现追求自然的理念（图 5-1 ~ 图 5-4）。

图 5-1　安奈儿旗舰店的柜台

图 5-2　安奈儿旗舰店的内部空间

图 5-3　安奈儿旗舰店的细部效果

图 5-4　安奈儿旗舰店的产品展示

日本建筑师隈研吾设计的高级羊绒针织时装专卖店，店内用木板搭建的蜂窝结构象征着羊绒衫的针织空隙，体现其产品的柔软、舒适及透气性，这一元素贯穿整个店面设计。

以上两个案例都建立在品牌商品的特性分析基础上，以此发挥创意想象，确定主题（图 5-5、图 5-6）。

图 5-5　针织服装专卖店的空间效果

图 5-6　针织服装专卖店的橱窗效果

二、围绕体验识别

现在的专卖店设计，越来越注重体验识别（Experience Identity，EI）设计，它是一个系统性工程，以如何体验为核心，通过终端的视觉环境、空间环境、展示环境、听觉环境，形成顾客的嗅觉感受、触觉感受、行为感受、心理感受，组成顾客在空间完整的体验过程，从而实现品牌识别。体验识别主要分为空间形态体验、行为互动体验等。空间形态体验主要通过造型、色彩上的与众不同让人感受到不同的空间氛围，而行为互动体验是设置品牌化的穿、憩、饮、演、玩和多媒体互动等区域，容易给消费者更加完整、深刻的体验。如意大利弗娜芮纳专卖店形态空间采用放大、夸张比例的类似莲藕的有机形态，给人不一样的空间体验（图 5-7）；而库哈斯设计的位于纽约古根汉姆的普拉达店，内部拥有众多最新科技与设施，通过脚踩按钮改变试衣间门的透明与否，展示全方位穿衣效果等，使顾客得到新奇的动态体验。

图 5-7　意大利弗娜芮纳专卖店

三、设计思维与方法

设计结果的差异根本在于设计师的思维方式与表达手段的不同。整个创新设计过程就是一个复杂的思维过程，体现的是一个分析、判断、提炼、概括的过程，需要运用不同的方法，选择不同的角度。不管用哪种思维或方法，学生创意的过程都注重思维的发散和收敛的训练，发散思维要针对问题，多角度、多层次思考，寻求尽可能多的方案，目的在于打开想象的界限。收敛思维则注重探寻事物的共性与本质（图 5-8、图 5-9）。

鸟巢—孕育—希望—朝阳—光明—台灯

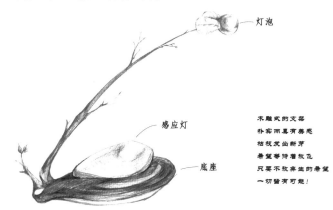

木雕式的支架
朴实而具有寓意
枯枝发出新芽
希望等待着放飞
只要不放弃生的希望
一切皆有可能！

灯泡

感应灯

底座

图 5-8　以"巢"为主题的发散思维练习（一）

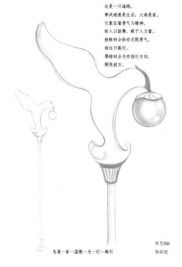

这是一只海鸥，
乘风破浪是生活，大海是家。
它象征着勇气与楷模。
给人以鼓舞，赋予人力量。
接触时会给你无限勇气。
而这只路灯，
黑暗时会为你指引方向，
照亮前方。

鸟巢—家—温暖—光—灯—路灯　　　　环艺056
孙洪旭

图 5-9　以"巢"为主题的发散思维练习（二）

　　学生训练任务：以"巢"为主题，首先进行发散式的想象，尽可能想象一切与主题相关联的事物、元素，这样的发散想象训练具有不同的结果，如巢—家—温暖—灯光—一路灯；巢—孕育—希望—朝阳—光明—台灯。然后开始提炼、寻找共性、概念与形态的转化。

　　具体设计方法与手段有尺寸的夸张训练，即放大与缩小的同样元素，并运用在空间中，如意大利弗娜芮纳专卖店中放大的莲蓬。另外还有置换、对比等方法。

　　例如爱马仕在巴黎左岸的分店的主题是"家"。其设计的思维过程是想象—提炼—再想象，对家主题的想象，提炼巢的形态，再想象设计整理成的空间样态。这家分店建筑轻盈，通过玻璃幕墙采光。木制的巢并没有给人局促的感觉，在巢与巢之间穿插很容易，每走进一个巢都能有一种温暖感（图 5-10 ~ 图 5-13）。

图 5-10　爱马仕分店

图 5-11　爱马仕分店的楼梯效果

图 5-12　爱马仕分店的空间内部

图 5-13　爱马仕分店的局部

任务四　项目综合设计与表达

　　一个成功的专卖店设计只有个性的空间形态是不够的，专卖店是一个综合性很强的设计领域，它涉及空间设计、平面 CIS 视觉设计系统、营销策略等。专卖店承载的作用，首先要达到它的销售功能，此外，它是一个三维立体、动态的广告媒介，具有传达品牌的一系列信息的功能和重塑品牌的功能，可以抓住消费者，实现经济价值。

　　鼓励学生根据空间类型及特性，重视品牌含义、品牌文化、营销方法等，这样才能准确定位，达到既有特点又达到营销、宣传的目的。

　　鼓励学生仔细分析功能布局、动线设计、空间尺度、内部色彩、细节设计等对人的影响，要多方案比较。

　　鼓励学生大胆创意，创新专卖店设计，使其能够打造最新理念的专卖店设计。

　　专卖店设计的主要内容，也就是重点设计部位，主要包括外观设计、内部空间设计、商品展示设计、视觉系统融合设计。这些部分如果能够很好地设计，可以起到举足轻重的作用。

一、外观设计

　　这里的外观设计主要包括招牌设计、店门设计、橱窗设计等，由于专卖店有临街式、独立式和在商业建筑内部的室内专卖店，因此独立式专卖店涉及建筑外观的设计，而建筑本身作为文化符号，具有突出的宣传作用。

　　招牌在导入功能中起着不可缺少的作用，可以采用静态和动态的形式，艺术化、立体化。口号或者标语等信息必须清晰简洁地表达品牌名称或者店名。

　　店门的作用是吸引人们的视线，进而使人们产生进店行为。店门的开放性、通透性以及风格都直接影响人们是否进入的心理。店门可通过图案、文字、标识等突出特色；通过材质带给人或亲近、或高档、或个性的感觉（图 5-14、图 5-15）。

　　橱窗设计在现代商业活动中是一种重要的广告形式，构思新颖、主题突出、色彩美丽的橱窗设计，比具有场景感、故事感、视觉冲击力强的橱窗设计效果更好（图 5-16、图 5-17）。

图 5-14　门头设计

图 5-15 外观与门头设计

图 5-16　橱窗设计（一）

图 5-17 橱窗设计（二）

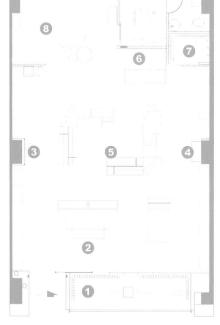

① 橱窗展示区
② 新品展示区
③ 男童区
④ 女童区
⑤ 主力销售区
⑥ 收银区
⑦ 试衣间
⑧ 小童区

图 5-18 香奈儿旗舰店平面布局

数字资源 5-2 专卖店
功能空间构成

图 5-19 深圳 Cheering 高级女装定制概念店的接待台

二、内部空间

（一）空间布局

店面布置的主要目的是突出商品特征，使顾客产生购买欲望，并便于他们挑选和购买。

专卖店无论大小、何种品牌，其内部空间都是由三个空间构成的，即商品空间、店员空间、消费者空间。商品空间如展台、货架、橱窗等，分为箱型、平台型、架型；店员空间有接待台、库房等；消费空间如试衣间、人流通道等，是顾客参观、选择、购买的空间。布局设计就是将这三个空间类型进行不同组合，合理的平面布局可以提高专卖店有效面积的使用，也使得人员走动便利。

如图 5-18 所示，香奈儿旗舰店平面布局入口在左侧，右侧橱窗显得整体、大气，进入后靠近入口是新品展示区，目的是通过新品吸引顾客，使其产生新鲜感，引导顾客向内部继续移动，将收银区和卫生间放置在空间的尽头，目的是减少对顾客流线的干扰。

入口是关键，入口位置、大小都需要根据店铺的营业面积、客流量及防火疏散安全管理要求等方面进行考量。入口是人流集散和停留的空间节点，设计不合理会影响顾客的停留时间。可以根据人的行为习惯进行设计，人们进入专卖店的行为动向分为逆时针和顺时针两种，根据空间、商品特性等选择。由于安全疏散要求，门扇应向外开或选择可双向开启的弹簧门。门扇开启范围内不得设置踏步（入口宽按每分钟 100 人，疏散宽度按 0.65 ~ 1.00 米计算）。

货架、展台区域应考量面积，过多的展台、货架会减少顾客流动区面积，导致人员拥堵，影响顾客停留时间与选择意向。

接待台是与顾客互动的重要场所，位置一般设置在靠入口处，或者设置在空间内部端头。深圳 Cheering 高级女装定制概念店接待台处的设计（图 5-19），最具有视觉吸引力的是色彩的安排，大面积的蓝色与金色的接待台和暖色地板形成鲜明的对比，色彩丰富艳丽。顶棚上有西方的十二星座符号，接待台后方是东方味十足的刺绣屏风，东西方元素共存于该空间，形成戏剧性的冲突。

除了这三个基本的构成空间之外，专卖店根据层次与实力，可以增加体验、休息等空间，如果展示区域更加开阔，可设有专门沟通区、私人会客区、图书区等，顾客在空间中除了基本的浏览、购买行为，更参与空间、体验空间，与空间的连接更加深刻。深圳 Cheering 高级女装定制概念店（图 5-20）内部增设了 2 个咖啡区、3 个茶室、4 个化妆间的区域，更加贴心的设计，注重体验设计、情感设计，设计定位更高端。上海 Fly Pony 儿童鞋店内部专门增设儿童玩乐休息区（图 5-21），这些空间区域的增加也是以人为本，站在顾客角度，设计更加贴心，同时也能体现出自己的独特之处。

（二）动线设计

人流动线是为店铺空间规划好的人员流动路线，其可以延长消费者在店铺的停留时间，从而带动人流量和购买率的提升。科学合理的人流动线规划和设计有利于提高顾客购物满意度和舒适感，从而提高业绩。在专卖店中人的行为过程是进店—通行与浏览—购物—上下楼—休闲、文化娱乐—出店的过程，一般流线分为顺时针和逆时针两种方向，无论哪种流线方向都需要保证路线的流畅、便利。

店铺流线分为直流动线和环形动线。直流动线（图 5-22）是指店铺入口和出口在不同的两侧，多数进店铺从一边入口进，从另一边的出口出，即穿越式流动的线路。商店采用直流动线较多。直线型流线上的顾客停留时间短，因此路线长短、主次应结合使用。

环形动线是指在三面围合的空间里，出口和入口在同一侧，多数街道专

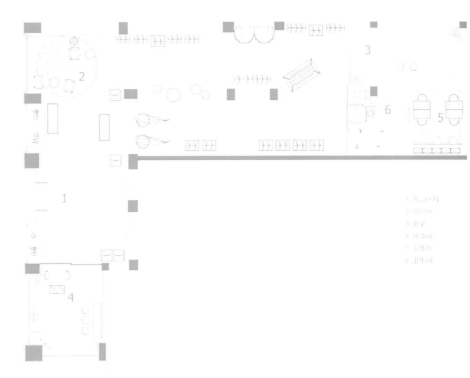

图 5-20 深圳 Cheering 高级女装定制概念店平面图

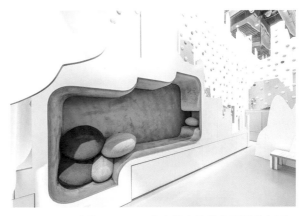

图 5-21 上海 Fly Pony 儿童鞋店的儿童玩乐休息区

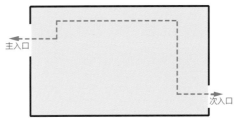

图 5-22 直流动线

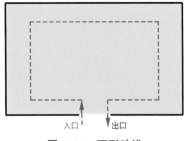

图 5-23 环形动线

数字资源 5-3 专卖店
动线设计

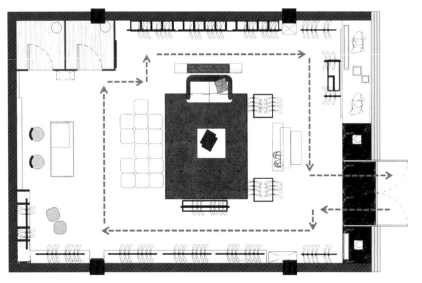

图 5-24 环形动线案例（一）

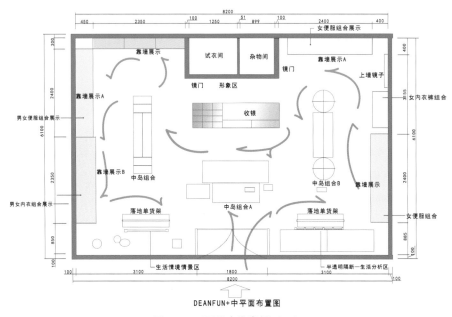

图 5-25 环形动线案例（二）

卖店和部分商场边厅采用这样的设计。环形动线应避免过分弯曲、烦琐。实际设计过程中多数是两种动线结合使用，使流线设计更加合理（图 5-23 ~ 图 5-25）。

合理的空间流通设计能够使消费者达到便捷购物、舒适享受的双重愉悦。如宜家的流通设计，其看似毫无规律，其实是经过精心设计的，每一条流线都引导着消费者进入不同的功能区域，如产品展示区、生活体验区、休息区等，从而增加消费者的参观与逗留时间，促进消费者的购买欲望。

（三）空间设计表现

专卖店的空间设计必须建立在品牌经营理念、品牌文化的基础上，而且必须要统一品牌形象，因此造型、色彩、材料都会有一定的标准，以此为基础发挥设计的作用，就能够打造出具有个性化的、能传达品牌文化的空间形象。

1. 造型

根据产品特性、品牌文化等选择造型，在特定主题下，可以更加突出表现品牌文化。七匹狼专卖店（图 5-26），产品是男性服装，设计理念是"成功"，体现男性的成熟稳重，因此专卖店空间造型多用硬朗的直线，从而使空间具有了一种理性、坚定、探索、男性的气息；而 s.n.d 时尚店（图 5-27 至图 5-29）的设计者发挥了自己的创意想法，所有的设计元素都从天而降，顾客将有充足自由的购物浏览空间而不被一般店铺底面中所摆放的家具和销售单品阻碍，整个空间重复着巨大的自由曲线，不但具有强大的视觉冲击力，营造了前卫时尚的感觉，还形成了一个空灵柔美的天花吊顶景观设计，提供了无与伦比的购物氛围；日本三宅一生伦敦旗舰品牌店（图 5-30、图 5-31）设计选用被放大的深红色三角形，放大的深红色三角形重复出现在空间中，具有特别突出的视觉冲击力，具有造型形态简单却又极醒目的视觉效果。

图 5-26　七匹狼专卖店设计

图 5-27　s.n.d 时尚店的立面草图

图 5-28　s.n.d 时尚店的空间草图

图 5-29　s.n.d 时尚店的
空间效果

图 5-30　日本三宅一生伦敦旗舰品牌
店中醒目的三角形

图 5-31　日本三宅一生伦敦
旗舰品牌店

2. 色彩

每个品牌都有自己规范的标准色，标准色具有科学性、差别性、系统性特点。空间色彩需选用与品牌的历史、理念、标准色等相符的色彩。另外可以有季节性颜色、主体性颜色等。色彩运用和谐统一容易给人整体的印象，对比颜色具有视觉冲击力和吸引力，因此需要根据构思选择色彩。Cheering 高级女装定制概念店（图 5-32 至图 5-35）的色彩有湛蓝、金黄、暗红等，颜色丰富艳丽，概念店的设计充分融合了东西方文化，并在空间设计中将其体现得淋漓尽致。

阿姆斯特丹 Bever shop in shop 的空间设计沿用了 Bever shop in shop 的标志色亮黄色，亮黄色具有明亮、鲜艳、纯度高、耀眼的特点，使得品牌形象更加清晰，同时对顾客有很强的吸引力（图 5-36）。

图 5-32　深圳 Cheering 高级
女装定制概念店（一）

图 5-33　深圳 Cheering 高级
女装定制概念店（二）

图 5-34　深圳 Cheering 高级
女装定制概念店（三）

图 5-35　深圳 Cheering 高级女装定制概念店（四）　　　图 5-36　阿姆斯特丹 Bever shop in shop

3. 材料

材料在空间中具有特别的作用，材料运用独特会显示出品牌店的理念以及设计师的思想，同时也可以丰富人们的审美需求。在运用材料的过程中，一方面可以探索新材料的特性及表达效果，给人新的视觉感受，体现出走在前沿、时尚、不断发展的态度等；另一方面需要挖掘已有材料的潜力，材质没有优劣之分，各有独特属性，重点在于尝试不同的搭配组合，新的组合会更加激发材料的魅力。索非亚 La Scarpa Loft 风格专卖店的设计师将使用了超过 60 年的建筑墙面上的涂料或墙纸全部剥离去除，在空间中很少运用色彩来点缀，而是通过新旧对比来营造氛围。白色的展示架固定在裸露的混凝土墙面上，崭新的鞋子和具有历史感的建筑形成了鲜明的对比（图 5-37、图 5-38）。

图 5-37　索非亚 La Scarpa Loft 风格专卖店　　　　　　图 5-38　混凝土墙面

位于布鲁克街的三宅一生伦敦旗舰店概念是：碰撞——历史与未来，商店内的柱子和部分墙体被做旧，上面斑驳粗糙的肌理与其他的蓝色与白色光滑表面形成强烈的对比，也与充满未来感的服装产生不可思议的奇妙碰撞（图 5-39 ~ 图 5-42）。

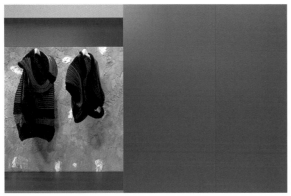

图 5-39　三宅一生伦敦旗舰店

图 5-40　粗糙材料与光滑材料的对比

图 5-41　三宅一生伦敦旗舰店的内部效果

图 5-42　粗糙材料突显服装特色

由设计师库哈斯设计的位于纽约古根汉姆的普拉达店，把文化氛围引入商业，把非购物活动掺和到购物中，库哈斯将"鞋剧场"的想法应用在专卖店中，空间具有戏剧感，设计不注意细节，但包含了所有最新科技，如无处不在的电子屏。商店的试衣间从外面看是一排透明的玻璃门，门旁地上有两个半球形的"踩钮"，其中有个灰色踩钮可瞬间让玻璃变得不透明，顾客在内部可以 360° 看到自己的试衣效果；对于材料的选用，库哈斯运用其"豪华"理论，其运用的不是流光溢彩的高级材料，而是廉价的半透明板、灯管和塑料。材料的选用体现了二十世纪六七十年代意大利的"贫穷艺术"运动艺术家们的思想，即对日常的报纸、织物、镜子等的重新审视与艺术制作。从库哈斯设计的纽约普拉达店可以看出豪华与廉价、时髦与古老、精致与粗糙、隐私与公开、新技术与作坊等思想观念的碰撞（图 5-43、图 5-44）。单一材料的运用（如木材作为唯一材料在空间中大面积应用），给人一种宁静、放松的感觉，体现出独特的品质（图 5-45）。

图 5-43　包着石膏的
铸铁柱子

图 5-44　金属笼子形态展
架，可移动，非豪华材料

图 5-45　单一材料的应用

数字资源 5-4　专卖店
展示形成

三、商品陈列

1. 展示方式

好的商品陈列能够对顾客购物起主导作用。那么在陈列方式上应依据商品特点，结合品牌故事进行场景化的陈列。在陈列时可用饰品、背景和灯光等共同构成不同季节、不同生活空间、不同自然环境及不同艺术情调等场景，给人一种浓厚的生活气息。

摆放类的商品展示的方式通常有展柜式、展架式、展台式，悬挂类的有悬挂式、悬吊式等。选择哪种方式陈列商品需要根据商品的形状、重量、大小等特性来选择，在设计中更多采取多种形式组合的形式，空间内部富有变化（图 5-46 ~ 图 5-49）。

在陈列设计中，尺寸设计与营业员、顾客活动尺度设计也是非常重要的，进行设计时除了应参考商品大小、形状等因素外，还应参考人体工程学及人体活动心理感受等，如合理摆放高度，商品摆放高度应以 1 ~ 1.7 米为宜。

图 5-46　展台式陈列

图 5-47　展柜、展架式陈列

图 5-48　展柜与展台混合式陈列

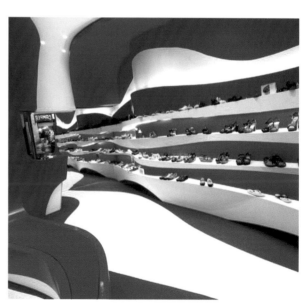

图 5-49　展架式陈列

2. 展具设计

专卖店空间设计会使用道具以渲染气氛、烘托主题、丰富空间效果，道具的类型有隔断类道具、装饰类道具。隔断类道具不仅起到装饰作用，还具有分隔空间、悬挂实物等功能；装饰类道具的作用主要是提高空间的意象美，渲染气氛，有发光类、植物类装饰材料等。

GIADA 是一个讲究质感和追求气质的意大利奢侈女装品牌。设计师的创意思路是历史与现代的交织、粗犷与细腻的结合。粗犷高大的石柱使人想起远古的石器时代，青铜铸造的展架及展台代表时间上有一个跨度，锈迹斑驳的铜质展台与时尚精致的 GIADA 产品形成强烈的对比，此外，还运用了大量的天然石材装饰空间。石柱除了具有装饰作用还能起到分隔空间的作用（图 5-50、图 5-51）。越来越多的专卖店设计更加注重艺术性，道具的选择也选用具有独特形象的模型、灯箱等，艺术家作品也进入专卖店空间。而路易·威登与草间弥生的合作更加彻底，道具、店内陈列、产品等都与艺术作品相融合（图 5-52）。

图 5-50　米兰 GIADA 精品店

图 5-51　时尚女装店抽象装饰

图 5-52　路易·威登与草间弥生合作的展示空间

四、CIS 视觉营造

专卖店是一个三维空间的立体化广告媒体，品牌的 VI 系列和整体视觉系统规范都要渗透在专卖店中宏观、微观及平面或立体的层面。内容包括标志、标准字体、标准色及应用；空间中尺度较大的应用，具有视觉的张力，微观层面体现在包装袋、办公用具等细节设计上；除了平面化的设计，还可以将 VI 符号立体化或做提炼演化来应用。颜色在视觉传达中也具有很好的作用。如图 5-53 所示，家具专卖店内干净的空间、几块清凉的绿色、干净的墙面以及醒目的标志名称，共同营造出非常简洁、清晰的视觉意象。

五、照明设计

照明设计对空间氛围的烘托、对顾客的心理感受有十分重要的影响。灯光能增强商品的色泽与质感，如暖色光会加强商品的色彩效果，使玻璃器皿、首饰类商品等具有更加光亮的效果，从而增加了商品的精致与高贵。对商品加强照射，可以让其显得更为立体。亮度、色调的反差，会使空间具有层次感，能吸引顾客的目光。商品在灯光照射下，会产生更加柔和、温暖的感觉，使顾客心理上产生舒适感，对商品产生好感，进而形成购买欲望。

数字资源 5-5　设计欣赏——与众不同的鱼店

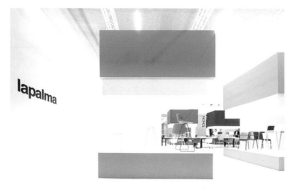

图 5-53　家具专卖店

1. 专卖店照明种类

（1）环境照明：是一种基本照明，给予营业厅室内环境基本照度，从而形成整体空间氛围，满足空间活动基本需求。通常光源均匀设置于顶棚，或者厅内通道侧界面附近。环境照明应与室内空间组织和界面线性紧密联系。

（2）局部照明：局部照明又称为重点照明、补充照明。局部照明建立在环境照明的基础上，可以增加商品展示时的吸引力。局部照明通常采用投射灯或者内藏式灯，可以用可改变位置、方向的导轨照明。

（3）装饰照明：通过光源的色彩、灯具的造型，营造有特点的空间环境，增添艺术性，可用彩灯、霓虹灯、光导灯、发光壁等。如一尚门设计师品牌集合店黏土墙面，墙面色彩很单纯，低彩度与低层次的局部、点状照明搭配原始质感的墙面形成了独特的空间。

2. 专卖店照明设计总体原则

（1）舒适性原则：舒适的灯光可以增加顾客进入商铺停留的时间和购物的机会。如化妆品的专业卖场，有显著的迪奥和香奈儿商品标识，优质的照明提高了卖场的档次。

（2）吸引性原则：照明设计最重要的作用之一就是吸引视线。灯光作为吸引消费者的一种重要手段，其作用不容忽视。调亮店铺的灯光，可以引起顾客对店铺中的商品产生关注。如高档鞋店的设计中，明亮的灯光增加了店铺与商品的关注度，刺激了消费者的购买欲望。

另外，基础照明不能太亮，一般为 200 勒克斯，重点照明与基础照明的照度比例为 5∶1，才能产生对比效果，形成层次感；在整个店面要有重点和强调区域，不能千篇一律；灯光要起引导作用，引导顾客的走向和购买路线，并使顾客一眼看到品牌，在任何位置都能找到收银台位置。

图 5-54 ~ 图 5-56 所示为一尚门设计师品牌集合店的灯光情况。

图 5-54　一尚门设计师品牌集合店的灯光层次

图 5-55　一尚门设计师品牌集合店的局部灯光应用

数字资源 5-6　设计
欣赏儿童鞋店

图 5-56　一尚门设计师
品牌集合店的灯光设计

实训内容

一、实训题目

某中型专卖店设计。

二、实训目的

（1）掌握专卖店设计的目的与重点。

（2）反映企业形象、反映品牌文化。

（3）能恰当设计专卖店空间流线。

（4）掌握专卖店设计的方法。

（5）突出空间氛围与视觉表达效果。

三、实训内容

在一个 8 000 毫米 ×5 000 毫米，举架高 3.5 米的空间内设计专卖店，自定义专卖店类型，要求有设计理念和明确的主题。

四、实训要求

（1）具有品牌概念与营销的设计理念。

（2）店员、顾客流线设计合理。

（3）设计独特，视觉效果新颖。

数字资源 5-7　青年
设计师专卖店案例分析

参考文献

[1] 方子晋. JGJ 67—2016 办公建筑设计规范 [S]. 北京：中国建筑工业出版社，2016.

[2] 范晓莉. 办公空间设计 [M]. 北京：中国青年出版社，2016.

[3] 李梦玲，邱裕. 办公空间设计 [M]. 北京：清华大学出版社，2011.

[4] 王梦林. 空间创意思维 [M]. 北京：北京大学出版社，2010.

[5] 盖永成. 室内设计思维创意方法与表达 [M]. 北京：机械工业出版社，2011.

[6] 刘群，李娇，刘文佳. 办公空间设计 [M]. 北京：中国轻工业出版社，2017.

[7] 凤凰空间·天津. 爱上工作室：从此幸福办公 [M]. 南京：江苏人民出版社，2013.

[8] 杨宇. 办公空间设计与实训 [M]. 沈阳：辽宁美术出版社，2017.

[9] 邱晓葵. 专卖店空间设计营造 [M]. 北京：中国电力出版社，2013.

[10] 郑曙旸. 室内设计思维与方法 [M]. 北京：中国建筑工业出版社，2014.

[11] 卫东风. 商业空间设计 [M]. 上海：上海人民美术出版社，2016.

[12] 王凌珉. 专卖店空间设计 [M]. 北京：中国建筑工业出版社，2012.

[13] [英] 柯蒂斯，[英] 沃森. 专卖店新锐设计 [M]. 孙晓军，译. 北京：高等教育出版社，2007.

[14] 谷彦彬. 设计思维与造型 [M]. 长沙：湖南大学出版社，2006.

[15] 鲁小川. 设计帮：商业娱乐空间设计流程解析 [M]. 北京：机械工业出版社，2014.

[16] 正声文化. 娱乐空间：品鉴商业空间系列 [M]. 北京：中国电力出版社，2012.

[17] 张大为. 休闲娱乐空间设计 [M]. 北京：人民邮电出版社，2015.

[18] 陈建秋，陈建明，佳图文化. 创意娱乐会所、酒吧设计 [M]. 天津：天津大学出版社，2011.

[19] [日] 武藤圣一. 欧洲餐厅设计 [M]. 刘云俊，译. 北京：中国旅游出版社，2010.

[20] [美] 弗朗西斯科·阿森西奥·切沃. 餐饮空间细部 [M]. 胡慕辉，译. 杭州：浙江科学技术出版社，2000.

[21] 沈渝德. 室内环境与装饰 [M]. 重庆：西南师范大学出版社，2014.